无人直升机着舰制导与控制

Guidance and Control of Unmanned Helicopter Ship Landing

主　编　南京航空航天大学　杨一栋
副主编　南京航空航天大学　袁锁中
　　　　海军装备研究院　王夷
　　　　杨一栋　袁锁中　王夷　著

国防工业出版社

·北京·

内 容 简 介

舰载无人直升机已是现代水面舰艇作战系统不可缺少的组成部分,在未来战争中也将起着重要作用。舰载无人直升机的技术核心是设计与开发一种十分有效的制导系统,使直升机自主安全地降落在作六自由度运动、着舰空间又十分有限的舰船甲板上。为开发这一着舰制导与控制技术,本书在描述物理概念的基础上,着重研究进场着舰的基准期望轨迹,着舰制导与控制的总体结构配置,以及制导与飞控系统的设计与工程应用开发。

本书主要内容为:无人直升机进场与着舰坐标体系的建立与着舰环境建模;无人直升机进场着舰制导系统三维期望轨迹的生成及相应的结构配置;基于视线的进场阶段制导系统开发设计;具有自主起降功能的着舰阶段制导系统设计;具有甲板运动预估的着舰阶段制导系统设计;无人直升机自动降落在运动体上的轨迹优化设计;制导系统及飞控系统的经典设计与现代控制设计方法;无人直升机飞行控制系统软硬件开发与技术实现。

本书广泛地吸取了国外有关文献资料及南京航空航天大学直升机飞控研究团队的研究成果,可供从事这一研究领域的学者、工程人员借鉴与参考,亦可作为"导航、制导与控制"学科的研究生辅助教材。

图书在版编目(CIP)数据

无人直升机着舰制导与控制/杨一栋主编 . —北京:
国防工业出版社,2013.10
ISBN 978-7-118-08996-7

Ⅰ.①无…　Ⅱ.①杨…　Ⅲ.①无人驾驶飞机—直升机—舰载飞机—自动着陆控制　Ⅳ.①V279

中国版本图书馆 CIP 数据核字(2013)第 226470 号

国防工业出版社出版发行

(北京市海淀区紫竹院南路 23 号　邮政编码 100048)
北京奥鑫印刷厂印刷
新华书店经售

＊

开本 787×1092　1/16　印张 10¼　字数 228 千字
2013 年 10 月第 1 版第 1 次印刷　印数 1—2500 册　定价 45.00 元

(本书如有印装错误,我社负责调换)

国防书店:(010)88540777　　　发行邮购:(010)88540776
发行传真:(010)88540755　　　发行业务:(010)88540717

编 委 会 名 单

主　编　南京航空航天大学　杨一栋
副主编　南京航空航天大学　袁锁中
　　　　　海军装备研究院　王夷

编　委　（按姓氏笔画排序）
　　　　　王新华　陈国军　张贞　茅坪
　　　　　潘巨辉　戴文正

前　言

将无人直升机自主安全地降落在作六自由度运动的舰船甲板上是一项十分复杂的轨迹制导任务,轨迹制导系统的根本任务是使直升机的运动轨迹精确地跟踪设计的期望轨迹。而建立在惯性地面坐标系中的进场与着舰期望轨迹,是由直升机相对于舰体的相对运动期望轨迹及舰在地面坐标系中的牵连运动叠加而成,而舰的运动又是六自由度的。这一物理本质使描述着舰运动的坐标体系及相应的轨迹制导系统的结构显得更为复杂,故本书的研究工作:首先建立着舰运动坐标系,并给出坐标系间的相互转换方法,从而为舰的甲板运动及舰尾扰动模型的建立,为着舰制导系统的设计及地面仿真验证提供必要的物理基础。

在建立总体物理概念的基础上,作为核心内容,本书着重研究了三维着舰期望基准轨迹实时生成的数学表达式,在此基础上构建了对期望轨迹进行跟踪的制导系统结构。该三维着舰制导结构对本书其他各章的研究有指导意义。

由于通常的直升机着舰制导分为进场与着舰两个阶段,因此本书着重研究基于视线的进场基准轨迹的生成与制导方法,接着研究基于自主进场与着舰的期望轨迹的生成与制导方法,并针对高海况时的无人直升机的着舰环境,着重开发具有甲板运动预估的无人直升机着舰制导系统,并进行相应的仿真验证。为拓宽研究视野,本书还研究了无人直升机降落在陆地上运动的战车上,对其降落轨迹进行了优化设计,这一优化设计方法对无人直升机的着舰制导具有借鉴意义。

为了面向工程实际,本书以某小型无人直升机为例,较全面地设计了制导系统中的飞控系统,包括控制律的经典设计方法及现代控制设计方法,并作了仿真验证对比。开发了控制系统软硬件实现技术、结构配置、测试方法及地面的物理仿真验证。

本书编著过程中广泛地参阅了国外文献资料,并反映已有的科研成果,力求阐明物理实质,使内容具有系统连贯性及可读性,尽可能注重工程实际应用,对开发内容均辅有仿真验证。尽管如此,由于作者水平所限,有谬误及不妥之处,渴望读者们批评指正,协助我们改正,在此不胜感激。

本书的编著工作得到我国海军装备研究院的鼎力支持与密切合作,多年来也一直得到有关科研院所及南京航空航天大学研究生院的支持与资助,得到了南京航空航天大学直升机飞控研究团队的大力协助,在此表示感谢。

杨一栋

2013 年 5 月

目　录

第一章 绪 论

1.1 舰载无人机在现代海战中的应用

高科技军事技术在舰载无人机上的广泛应用,使舰载无人机装备的有效载荷具有更多的功能、更强的战斗力,能够执行多种作战任务。

1. 情报侦察和战场监视

侦察无人机具有续航时间长、飞行高度高、不易被对方发现与攻击的特点。机上可搭载电视摄像机、光电/红外/紫外/前向红外传感器、激光指示器、合成孔径雷达等多种传感器;能够对可能发生武装冲突、局部战争的海域进行长时间的实时侦察、监视,一旦发生冲突和战争,便可实施多批量、大纵深、全天候、立体化的全向侦察,搜集敌方的作战情报,及时传送到己方舰载或岸基指挥控制中心。

2. 空中电子压制和干扰

无人机可搭载有源干扰机,在战前或战争中担负电子压制和干扰(EMI)的任务。在防空压制中,无人机升空进行干扰,可扩大干扰距离,增强干扰效果,使敌方防空信息网视听混淆,判断出错。大量使用可使敌防空系统饱和,达到压制其防空系统的目的。无人机飞临敌上空或附近空域时,可对预设频率或频段实施干扰,也可利用机上设备进行实时侦察干扰。

3. 用作舰外有源诱饵

随着导弹技术的不断发展,导弹末制导雷达的开机时间越来越短。这对现役的舰外有源诱饵系统来说,由本舰(电子支援措施)系统对敌方导弹进行侦收、处理、设定干扰程序、选择最佳发射装置和发射时间,再由发射的干扰弹对来袭导弹实施诱导干扰,极有可能因其系统反应速度慢和作战准备时间长而不能满足现代实战的要求。在近海作战交战时间极短的情况下尤为突出。装载有源诱饵的舰载无人机可以作为舰外有源诱饵系统,在可能交战的区域,在预计要受到导弹攻击的紧急情况下发射出去,发射后按预先编制的程序飞行,利用无人机承载的电子战有效载荷对来袭导弹实施干扰。这类研究在西方发达国家得到了高度的重视,而且有些已经在试验和实战中得到了验证。

4. 用作反辐射攻击武器

在无人机上搭载截获接收机、自动寻敌器和战斗部,可用作对敌防空压制的有效兵器,不仅可攻击雷达,还可攻击干扰机、预警机及专用电子战飞机等辐射源。它一般先于作战飞机发射升空,飞向目标区上空,一旦升空,其寻敌器就开始工作,对截获到的信号进行处理、分选和识别,选定攻击目标。攻击目标一旦选定,寻向设备就利用寻敌器输出的敌方辐射源方位和仰角数据自动控制载机飞向目标。

5. 目标指示、攻击制导、战损评估和通信中继

无人机可为舰艇炮火和导弹选定攻击目标,测定目标参数,协助舰载火控系统计算射击诸元,进行目标分析;可用激光目标指示器照射目标,对激光制导武器进行精确制导;攻击过后,可测定弹着校正参数、检查目标的毁伤程度。利用无人机还可转发情报、通信、导弹控制指令等信号,满足因现代海战作战区域广而产生的对信息传递、指挥控制、导弹攻击的更高要求。

1.2　当前国内外舰载无人直升机发展情况

西方目前公开的无人舰载直升机主要有"火力侦察兵"、"先锋"、"小精灵"和"普赖莫斯"等。而美国的"火力侦察兵"已经实现了自主着舰。中国目前先进的有"天鹰"-3无人驾驶直升机,但是它还不能用于舰载飞行操作。就舰载无人直升机飞行控制而言,我国与西方国家还有着不小的差距。

相对于固定翼无人机,不需滑跑或弹射,是旋翼无人机的优越之处。它可以在甲板上直上直下,甚至在空中悬停。更为重要的是,旋翼无人机彻底解决了着舰回收困难这个关键问题。

CL-227"哨兵"(Sentinel)是加拿大研制的实时监视和校靶无人机,主要机载设备是电子战设备等。空载重量159kg,最大平飞速度142km/h,实用升限3000m,活动半径60km,最大续航时间3.5h。

加拿大的CL327(比CL227更为先进)的旋翼直径为4m,飞行器重量350kg,整个系统单元由飞行器主体与两个人操作的便携式控制站组成。CL-327无人机如图1.1所示。

"鬼怪式"(SPRITE)是英国研制的多用途无人直升机(图1.2),主要用来监视、巡逻、侦察、情报搜索、目标指示和电子战等。"鬼怪式"无人直升机装有电视或红外摄像机、微光电视、激光目标指示器、化学传感器、电子情报和电子战设备等,最大起飞重量40kg,最大平飞速度130km/h,活动半径32km,实用升限2440m,最大续航时间2h。

图1.1　CL-327无人机

图1.2　"鬼怪式"无人机

德国的"西莫斯"共轴式旋翼机旋翼直径 6m,只需一个 8m×8m 的甲板就能完成起降。

俄罗斯的"卡"-137 也属于共轴双旋翼无人直升机,它的外形为球形,旋翼直径 5.3m,采用合金材料制成,球的上部装有活塞发动机动力装置、控制系统和机载设备,下部可根据用途选配专用设备。"卡"-137 可进行空中打击、通信中继、电子干扰、搜寻营救、探雷排雷等。

美国海军装备有 800 多架 QH50 系列多用途共轴双旋翼无人机(图 1.3),它有多种型号,除可担负反潜任务外,还可以用于侦察监视、武器试验和运送货物等。德国也有一型"海蚊"共轴双旋翼无人机,它是以美国 QH50 为基础研制而成的。

图 1.3　QH50 无人机

RQ/MQ-8"火力侦察兵"无人直升机(图 1.4)于 2000 年 2 月开始由诺斯罗普·格鲁曼公司研制,美军方计划将其发展为海军装备的主要无人机型。2006 年该无人机实现了在舰上的全自主起飞与降落。MQ-8B 型无人直升机的持续飞行能力为 4h,作战半径达 110n mile。该机的标准装备包括光电/红外扫描系统和激光测距仪,除了搜寻和识别目标外,还可按重要性对它们进行排序。另外,MQ-8B 还可携带一定数量的"地狱火"反坦克导弹。在攻击任务结束后,MQ-8B 还可对目标的毁损程度进行评估。

图 1.4　"火力侦察兵"无人直升机着舰

"鹰眼"是美国波音公司研制的倾转旋翼无人机系统(图 1.5),主要用于舰炮支援、战损评估、超视距导向目标、通信和数据中继等。主要机载设备有电视摄像机和前视红外摄像机等。最大起飞重量1020kg,活动半径200km,最大续航时间3h。

图1.5 "鹰眼"无人机

S100舰载无人直升机(图1.6)是由奥地利维也纳西贝尔公司开发的,是一个小型可遥控的或完全自主飞行的舰载垂直起降无人直升机,主要用于完成地面和空中监视目标、搜索、侦察、雷区探察标识、地面爆炸物探查、昼夜交通管制边境巡逻和环境监视等任务,由于飞行器机体尺寸小巧,行踪隐蔽,因此,不易被敌方探测。S100无人直升机小巧玲珑,技术先进,便于舰载(尤其对于没有航空母舰而大量装备驱护舰等中小舰艇的海军),同时采用垂直起降方式,有效载荷较大,至今已被美国、德国、英国、法国等多个国家采购,用于研究或装备使用。

图1.6 S100舰载无人直升机着舰

自20世纪60年代开始,美国、意大利、以色列、德国等国的海军就对舰载反潜无人直升机进行了研制开发,以便开展对海反潜作战。受限于现代化舰艇存在复杂强大的电磁干扰环境,舰载无人机的海上飞行缺乏可视基准陆标以及对无人机的舰上回收存在很大困难等诸多关键技术的困扰,导致舰载无人机开发缓慢甚至一度停止。但由于舰载无人机尤其是具有垂直起降能力的舰载无人直升机可伴随母舰船等作战舰船一同出航,可大大扩展海上监视预警和作战范围,同时又可有效避免有人驾驶飞机上的驾驶员冒生命危险奔赴海上交战区进行侦察的危险,因此舰载无人机是海上作战部队急需的,也是解决舰载雷达探测距离短等问题的有效和廉价装备。

随着计算机技术、微电子技术、航空技术等相关技术的快速发展,无人机自身的各种关键技术及导航技术的不断突破,可以预见,舰载无人机尤其是舰载垂直起降无人机将会不断拓展其作战使用范围,其技术性能也会得到进一步提高,必将成为未来大中型舰艇及小型特种舰艇的重要装备。

1.3　舰载无人直升机关键技术

从技术层面上,舰载无人机发展受限在于很多关键技术还没解决,目前要从航行的舰艇上操纵无人机还存在着一些问题。

(1) 军舰上的空间非常宝贵,无人机的发射与回收装置会与其他舰载装置争夺空间。即使舰上设有大型飞行甲板,也必须周密安排无人机的活动以便其对正常的空中活动干扰最小;当无人机在空中飞行时也要特别注意,避免对从军舰起飞或在军舰周围的其他飞机造成危险。

(2) 无人机失事最通常的原因之一是电磁干扰,而电磁干扰对军舰来说是一个极为严重的问题,因此在无人机执行任务的全过程中,需要发射母舰及在此海域活动的所有其他军舰都必须采取恰当的发射控制措施。

(3) 无人机在舰上的回收是另一个敏感问题。在陆地上很容易制导无人机降落在简易机场上,或进行撞网、降落伞回收,但是这些步骤在海上是不可行的或是极为困难的。由于靠近军舰上层建筑处通常有一动荡区,加上军舰的运动,所以在无人机最后接近阶段很难对其进行精确控制。在美国"衣阿华"战列舰上试验"先锋"无人机时,5架中有3架在舰上坠毁,第4架掉入海中,只有第5架成功地回收在网中。基于这些原因,舰载无人机应采用"海军专用"回收法,包括采用降落伞辅助水上着陆和直升机式垂直起降。然而,降落伞辅助回收会危及无人机并对军舰正在进行的作业产生极大的干扰,其过程也比较复杂,对海上的环境要求比较高,容易造成飞机的损坏,而且操作过程时间长,容易造成飞机的丢失。更重要的是由于伞包具有一定的重量,占去了无人机宝贵的载重能力,使得无人机的任务载荷能力受到限制。目前认为最好的解决办法是发展具有垂直起降能力的无人直升机,因为无人直升机靠旋翼产生升力和推进力,能够前后左右机动飞行、空中悬停,具有良好的低速飞行特性和灵活性,并且对发射回收场地要求不高,所以舰载应用优势得天独厚。

(4) 海上使用无人机的一个特殊问题是缺乏可视基准陆标,操纵者有时可能会不知道飞行器的精确位置,所以也就损失了其大部分效用。这个问题在海湾战争中经常出现,解决这个问题的办法是采用全球定位导航系统(GPS)导航技术,由于政策的原因GPS在很多国家的导航精度不高,必须利用差分GPS技术提高定位精度。

（5）动力问题。无人机通常采用燃烧高辛烷航空汽油的活塞发动机作为动力装置，但由于汽油不利于舰上存储，现在国外大多数无人机已经改用（或正在改用）重燃油，这减少了由于舰上存在汽油引起的危险并提高了后勤兼容性，更有前景的发展方向是采用新型动力，如太阳能、燃料电池等。

1.4　舰载无人直升机回收精确导引技术

在上述无人机的回收方式中，都需要精确测量无人机的位置，精确控制无人机的轨迹，然后实现无人机的回收。如何引导无人机按要求的航迹飞行是无人机回收的关键技术之一。因此，解决好在摇摆平台上的准确测距、测角和定位，关系到无人机作战任务的完成和它的自身安全。

1. 舰上雷达导引的方式

与舰载战斗机着舰类似，通过舰上雷达测量无人机的高度方位等，产生与理想引导轨迹的误差信号发送给无人机，控制无人机按预定轨迹下滑回收。

2. GPS 导引方式

利用 GPS 全天候、高精度的三维定位与导航能力，采用 GPS 测量飞机与舰船的位置，计算产生回收轨迹相应的控制参数，实现无人机的回收。

3. 电视导引的方式

电视导引方式是一种直观、图像逼真而且精度较高的自动导引方式，通过视频图像的处理，获得无人机下滑回收要求的控制参数。

4. 微波导引系统

微波导引系统测量方法简单，精度较高，无气象要求，但设备较复杂，费用较高。

对于无人直升机由于其可以在甲板上垂直着舰，关键在于导引方式。其导引方式可以参考固定翼无人机的导引方式。

1.5　本书主要内容

随着海上战场作战手段的不断变化，舰载无人直升机的时代已经到来，舰载无人直升机已经是现代水面舰艇作战系统必不可少的组成部分，它将不断地发展、完善，而所有这些发展都依赖于无人机能够不依靠过多的舰上辅助设备实现自主起飞和降落，这项技术已成为舰载无人直升机发展中的关键问题，成熟的自主起降系统将推进舰载无人直升机的大发展。

本书对舰载无人直升机着舰制导与控制技术进行了较为系统的分析研究，全书内容概括如下：

第一章为绪论，介绍了无人直升机的发展概况、应用及关键技术。

第二章建立了无人直升机着舰坐标体系，对描述无人直升机着舰运动中的各种坐标体系进行了详细描述，并对它们之间的相互转换关系进行了推导；对影响无人直升机着舰安全的有关环境因素进行了研究，给出了甲板运动模型、气流扰动模型。

第三章给出了无人直升机进场着舰制导结构。设计了无人直升机着舰期望基准轨迹,给出了无人直升机进场着舰的三维制导结构和制导系统的设计要求。

第四章研究了基于视线法的无人直升机进场制导系统设计与仿真。设计了无人直升机返航进场的轨迹,采用样条函数对其进行了平滑处理;采用基于视线制导的方法实现了对基准轨迹的跟踪制导。

第五章研究了无人直升机起降自主制导与控制。设计了无人直升机自主起飞与返航进场、自主降落的基准轨迹,并进行了仿真验证。

第六章研究了具有甲板运动预估的无人直升机着舰制导系统。对无人直升机在舰面降落段的控制模态及相应的控制律进行了分析设计。

第七章针对无人直升机自动降落在运动体上的轨迹进行了优化设计。该轨迹设计的优化技术对无人直升机着舰的轨迹设计具有借鉴作用。

第八章用经典控制方法,对无人直升机的飞行控制系统,即制导系统的内回路进行了设计。给出了无人直升机飞行控制系统的结构配置;以某型无人直升机为例,论述了飞行控制系统的设计过程,最后以轨迹跟踪的方法,对设计的飞控律进行了仿真验证。

第九章采用现代控制的方法,设计了直升机轨迹跟踪制导系统。设计了三种较为典型的直升机轨迹跟踪控制系统,并对其跟踪性能与鲁棒性能进行了验证。

第十章研究了小型无人直升机飞行控制系统的某种实现技术。详细论述了飞行控制系统的结构方案、硬件配置、软件设计以及测试验证技术,为舰载无人直升机着舰技术的工程化提供参考。

第二章　无人直升机着舰坐标体系及着舰环境

为了确切地描述无人直升机着舰运动的状态,必须适当选定坐标系。这是首要任务,因为只有在此基础上,才能建立直升机运动的动力学模型和运动学模型,才能建立无人直升机着舰制导系统中的基准期望轨迹及相应的着舰制导系统结构。

为了与国际标准接轨,本书采用 1991 年 2 月航空部颁发的航空工业标准,该标准与国际标准 ISO1151/1 - 1985 及 ISO1152/1 - 1985 相等效。

2.1　无人机着舰的坐标系及其转换

2.1.1　地球坐标系 $o_e - x_e y_e z_e$

地球坐标系如图 2.1 所示,它是原点 o_e 定在地球中心的笛卡儿正交坐标系,$o_e z_e$ 与地球自转轴重合,朝上为正。$o_e x_e$ 在赤道平面内指向格林尼治子午线,$o_e y_e$ 在赤道平面内,指向遵循右手定则。由经纬度可以确定地球表面的某点在地球坐标系中的位置。

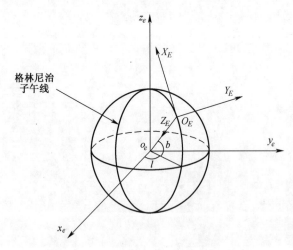

图 2.1　地球坐标系与地面坐标系

下面定义的坐标轴系均为三维正交轴系,且遵循右手法则,x 轴指向前,y 轴指向右,z 轴指向下。

2.1.2　地面坐标系 $O_E - X_E Y_E Z_E$

如图 2.1 所示,该坐标系的原点 O_E 设在地平面上某一点,其经纬度为 l,b。$O_E X_E$ 在地平面内指向北方(N),$O_E Y_E$ 在地平面内指向东方(E),$O_E Z_E$ 轴垂直地面指向地心,即遵循右手定则,方向向下(D)。故该坐标系亦称北东地(NED)坐标系。

2.1.3　地理坐标

某点的地理坐标,指的是在地球坐标系中经度为 l,纬度为 b 的地球表面上的某点坐标。由下式可转换为地球坐标,相当于在地球坐标系中由极坐标转换为直角坐标。

$$\begin{cases} x_e = R_N \cos b \sin l \\ y_e = R_N \cos b \cos l \\ z_e = R_N \sin b \end{cases} \tag{2.1}$$

式中:R_N 为地球的近似半径,即将地球近似为正球体。

若运动物体在地面坐标系中的导航过程中,认为地球不动,则又可称地面坐标系为惯性测量坐标系。由于忽略了地球这一牵连运动,这是一种近似假设,故地面坐标系又称准惯性测量坐标系。为应用方便,有时亦可将地面坐标系的原点 O_E 设在地面上的某一点,例如起飞点。纵轴 $O_E X_E$ 指北,亦可指向飞行方向。

因为要对飞行器的运动轨迹进行制导,必须测量飞行器自身在空中的位置,例如采用GPS,由于获得的测量数据也是基于某点的地面坐标系中进行度量的,所以飞行器的轨迹最终都应建立在地面坐标系中。在无人机着舰制导中,牵涉到多种坐标系,而地面坐标是最关键的坐标系,相当于"母"坐标系,其他坐标系可认为辅助坐标系。

飞行器在空中作六自由度运动,对飞行器进行制导一般先控制飞行器的三个姿态角,即控制飞行器相对于地面坐标系的三个欧拉角 ψ,θ,ϕ,从而达到控制飞行器相对于地面坐标系中的三个线运动的轨迹制导的目的。

图2.2描述了飞行器相对于地面坐标系轨迹运动的几何关系。

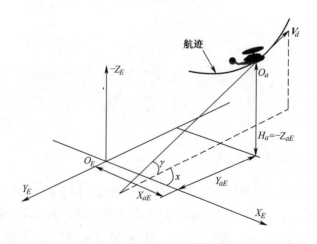

图2.2　在地面坐标系中建立飞行器运动轨迹

由飞机相对于地面坐标系的航迹倾斜角 γ 及航迹偏转角 χ,可描述飞机在该坐标系中的飞行方向。航迹倾斜角 γ 是指飞行器的地速 V_d 与地平面的夹角,向上为正。航迹偏转角 χ 是地速 V_d 在地平面中的投影与 $O_E X_E$ 轴之间的夹角,右偏航为正。在地面坐标系中可决定飞行器在某一时刻其重心 O_a 在地面坐标系中的位置 X_{aE},Y_{aE} 及 Z_{aE},以及它

们相应线速度 $\dot{X}_{aE}$ ，$\dot{Y}_{aE}$ 及 $\dot{Z}_{aE}$，其表达式为

$$
\begin{cases}
\dot{X}_{aE} = V_d \cos\gamma \cos\chi \\
\dot{Y}_{aE} = V_d \cos\gamma \sin\chi \\
\dot{Z}_{aE} = -V_d \cos\gamma = -\dot{H}_a
\end{cases}
\tag{2.2}
$$

式中：左偏航 χ 为负，即 Y_{aE} 为负，反之亦然。

由式(2.2)可知，对一般飞行器，只要控制其地速大小，以及纵向通道控制其航迹角 γ 及侧向通道控制其 χ 角，即能控制飞行器在地面坐标系中的飞行轨迹。

2.1.4　机体及舰体坐标系 $O-X_BY_BZ_B$

将机体及舰体坐标系统称为 $O-X_BY_BZ_B$ 坐标系，其原点 O 与运动体质心固连，X_B 轴与运动体的设计轴线平行，且处于运动体对称平面内；Y_B 轴垂直于运动体对称平面，且指向右方；Z_B 轴在运动体对称平面内，且垂直于 X_B 轴，指向下方。在描述飞机着舰运动学时，有飞机的机体坐标系 $O_a-X_{Ba}Y_{Ba}Z_{Ba}$ ，及舰船机体坐标系 $O_S-X_{BS}Y_{BS}Z_{BS}$ 。下面以直升机的机体坐标系为例说明机体坐标系与地面坐标系之间的转换关系，如图2.3所示。

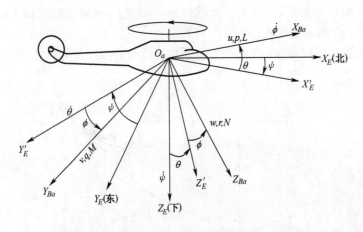

图 2.3　机体坐标与地面坐标

由图2.3可知，机体坐标系与飞机质心相牵连的地面坐标系 $O_a-X_EY_EZ_E$ 的关系由三个欧拉角 ψ,θ,ϕ 来表示。欧拉角是这样度量的，首先绕 O_aZ_E 轴转过一偏航角 ψ，右偏航为正，构成 $O_a-X_E'Y_E'Z_E$ 轴系，再绕 O_aY_E' 轴转动出现俯仰角 θ，上仰为正，构成 $O_a-X_EY_E'Z_E'$，最后绕 O_aX_E 轴转动，得出滚转角 ϕ，右滚为正，最终得到机体轴系 $O_a-X_{Ba}Y_{Ba}Z_{Ba}$ 。

图2.3也给出了飞机的飞行速度在3个机体轴上的投影，分别以 u,v,w 表示。设飞机绕机体轴 O_aX_{Ba} ，O_aY_{Ba}，O_aZ_{Ba} 的转动角速度为 p,q,r 则由图2.4可得，欧拉角的角速度 $\dot{\psi},\dot{\theta},\dot{\phi}$ 与角速度 p,q,r 之间关系为

$$\begin{cases} p = \dot{\phi} - \dot{\psi}\sin\theta \\ q = \dot{\theta}\cos\phi + \dot{\psi}\cos\theta\sin\phi \\ r = -\dot{\theta}\sin\phi + \dot{\psi}\cos\theta\cos\phi \end{cases} \quad (2.3)$$

写成矩阵形式

$$\begin{bmatrix} p \\ q \\ r \end{bmatrix} = \begin{bmatrix} 1 & 0 & -\sin\theta \\ 0 & \cos\phi & \cos\theta\sin\phi \\ 0 & -\sin\phi & \cos\theta\cos\phi \end{bmatrix} \begin{bmatrix} \dot{\psi} \\ \dot{\theta} \\ \dot{\psi} \end{bmatrix} = \boldsymbol{L}_{\dot{\psi}\dot{\theta}\dot{\phi}}^{pqr} \begin{bmatrix} \dot{\phi} \\ \dot{\theta} \\ \dot{\psi} \end{bmatrix} \quad (2.4)$$

式中：$\boldsymbol{L}_{\dot{\psi}\dot{\theta}\dot{\phi}}^{pqr}$ 为 $\dot{\phi},\dot{\theta},\dot{\psi}$ 转化为 p,q,r 的方位余弦。

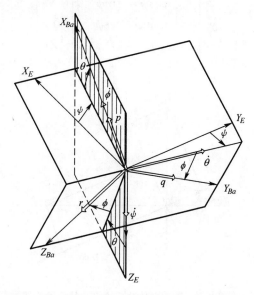

图 2.4 姿态角速率与欧拉角角速率之间的关系

式(2.4)也可写成如下的形式

$$\begin{cases} \dot{\phi} = p + (r\cos\phi + q\sin\phi)\tan\theta \\ \dot{\theta} = q\cos\phi - r\sin\phi \\ \dot{\psi} = \dfrac{r\cos\phi + q\sin\phi}{\cos\theta} \quad (\theta \neq 90°) \end{cases} \quad (2.5)$$

写成矩阵形式为

$$\begin{bmatrix} \dot{\phi} \\ \dot{\theta} \\ \dot{\psi} \end{bmatrix} = \begin{bmatrix} 1 & \sin\phi\tan\theta & \cos\phi\tan\theta \\ 0 & \cos\phi & \sin\phi \\ 0 & \dfrac{\sin\phi}{\cos\theta} & \dfrac{\cos\phi}{\sin\theta} \end{bmatrix} \begin{bmatrix} p \\ q \\ r \end{bmatrix} = \boldsymbol{L}_{pqr}^{\dot{\psi}\dot{\theta}\dot{\phi}} \begin{bmatrix} p \\ q \\ r \end{bmatrix} \quad (2.6)$$

称 $\boldsymbol{L}_{pqr}^{\dot{\psi}\dot{\theta}\dot{\phi}}$ 为 p,q,r 转化为 $\dot{\phi},\dot{\theta},\dot{\psi}$ 的方位余弦。当欧拉角为小量时，则认为 $p = \dot{\phi}, q = \dot{\theta}, r = \dot{\psi}$。

2.1.5　机体坐标系 $O\text{-}X_BY_BZ_B$ 及地面坐标系 $O_E\text{—}X_EY_EZ_E$ 之间的关系

由图 2.4 也可写出沿机体的线速度 u,v,w 转换至沿地面坐标系中的三轴线速度 $\dot{X}_E,\dot{Y}_E,\dot{Z}_E$。

假定初始时刻机体坐标系与地面坐标系重合,飞行器(舰船)经过三次转动后得到相应的欧拉角。

(1)飞机器绕地面坐标系 O_EZ_E 顺时针转动一个角度,当前飞机的 O_BX_B 与地面坐标系的 O_EX_E 之间的夹角为航向角 ψ,此时飞行器的机体坐标轴的 O_BX_B,O_BY_B 在水平内。假设转动后的飞机坐标用 (x_1,y_1,z_1) 表示。

由图 2.5 可知

$$\begin{bmatrix} x_1 \\ y_1 \\ z_1 \end{bmatrix} = \begin{bmatrix} \cos\psi & \sin\psi & 0 \\ -\sin\psi & \cos\psi & 0 \\ 0 & 0 & 1 \end{bmatrix} \begin{bmatrix} X_E \\ Y_E \\ Z_E \end{bmatrix} \tag{2.7}$$

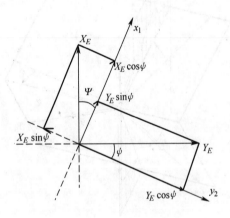

图 2.5　第一次转动后的坐标转换示意图

(2)飞行器绕 O_BY_B 向上转动一个角度,此时飞机的 O_BX_B 与水平面的夹角为 θ。假设此时飞机的坐标用 (x_2,y_2,z_2) 表示。

由图 2.6 可知

$$\begin{bmatrix} x_2 \\ y_2 \\ z_2 \end{bmatrix} = \begin{bmatrix} \cos\theta & 0 & -\sin\theta \\ 0 & 1 & 0 \\ \sin\theta & 0 & \cos\theta \end{bmatrix} \begin{bmatrix} x_1 \\ y_1 \\ z_1 \end{bmatrix} \tag{2.8}$$

(3)飞行器绕 O_BX_B 向右转动一个角度,此时飞机的 O_BY_B 与水平面的夹角为 ϕ。坐标系之间的关系为

$$\begin{bmatrix} X_B \\ Y_B \\ Z_B \end{bmatrix} = \begin{bmatrix} 1 & 0 & 0 \\ 0 & \cos\phi & \sin\phi \\ 0 & -\sin\phi & \cos\phi \end{bmatrix} \begin{bmatrix} x_2 \\ y_2 \\ z_2 \end{bmatrix} \tag{2.9}$$

经过三次转动,如图 2.7 所示,则可以得到机体坐标与地面坐标之间的关系为

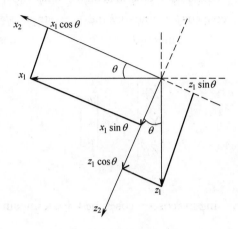

图 2.6　第二次转动后的坐标转换示意图

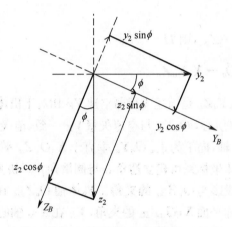

图 2.7　第三次转动后的坐标转换示意图

$$\begin{bmatrix} x \\ y \\ z \end{bmatrix}_B = \boldsymbol{T}_\phi \boldsymbol{T}_\theta \boldsymbol{T}_\psi \begin{bmatrix} x \\ y \\ z \end{bmatrix}_E \qquad (2.10)$$

其中：

$$\boldsymbol{T}_\phi = \begin{bmatrix} 1 & 0 & 0 \\ 0 & \cos\phi & \sin\phi \\ 0 & -\sin\phi & \cos\phi \end{bmatrix}, \boldsymbol{T}_\theta = \begin{bmatrix} \cos\theta & 0 & -\sin\theta \\ 0 & 1 & 0 \\ \sin\theta & 0 & \cos\theta \end{bmatrix}, \boldsymbol{T}_\psi = \begin{bmatrix} \cos\psi & \sin\psi & 0 \\ -\sin\psi & \cos\psi & 0 \\ 0 & 0 & 1 \end{bmatrix}$$

定义 $\boldsymbol{L}_E^B$ 为地面坐标到机体坐标的方向余弦

$$\boldsymbol{L}_E^B = \boldsymbol{T}_\phi \boldsymbol{T}_\theta \boldsymbol{T}_\psi = \begin{bmatrix} \cos\theta\cos\psi & \cos\theta\sin\psi & -\sin\theta \\ -\cos\phi\sin\psi + \sin\phi\sin\theta\cos\psi & \cos\phi\cos\psi + \sin\phi\sin\theta\sin\psi & \sin\phi\cos\theta \\ \sin\phi\sin\psi + \cos\phi\sin\theta\cos\psi & -\sin\phi\cos\psi + \cos\phi\sin\theta\sin\psi & \cos\phi\cos\theta \end{bmatrix}$$

$$(2.11)$$

则由机体坐标转换为地面坐标的方向余弦 $\boldsymbol{L}_B^E = (\boldsymbol{L}_E^B)^{-1}$ ，且

$$\boldsymbol{L}_B^E = \begin{bmatrix} \cos\theta\cos\psi & -\cos\varphi\sin\psi + \sin\varphi\sin\theta\cos\psi & \sin\varphi\sin\psi + \cos\varphi\sin\theta\cos\psi \\ \cos\theta\sin\psi & \cos\varphi\cos\psi + \sin\varphi\sin\theta\sin\psi & -\sin\varphi\cos\psi + \cos\varphi\sin\theta\sin\psi \\ -\sin\theta & \sin\varphi\cos\theta & \cos\varphi\cos\theta \end{bmatrix} \quad (2.12)$$

因此可得

$$\begin{bmatrix} \dot{X}_E \\ \dot{Y}_E \\ \dot{Z}_E \end{bmatrix} = \boldsymbol{L}_B^E \begin{bmatrix} u \\ v \\ w \end{bmatrix} \quad (2.13)$$

即

$$\dot{X}_E = u\cos\psi\cos\theta + v(\sin\varphi\sin\theta\cos\psi - \cos\varphi\sin\psi) + w(\sin\varphi\sin\psi + \cos\varphi\sin\theta\cos\psi)$$

$$\dot{Y}_E = u\cos\theta\sin\psi + v(\cos\varphi\cos\psi + \sin\varphi\sin\theta\sin\psi) + w(\cos\varphi\sin\theta\sin\psi - \sin\varphi\cos\psi)$$

$$\dot{Z}_E = -u\sin\theta + v\sin\varphi\cos\theta + w\cos\varphi\cos\theta$$

$$(2.14)$$

设飞行高度为 $H = -Z_E$，则 $\dot{H} = -\dot{Z}_E$。

2.1.6 速度坐标系 $O_a - X_a Y_a Z_a$

速度坐标系 $O_a - X_a Y_a Z_a$ 是描述飞行器空速 $\boldsymbol{V}_K$ 相对于机体坐标系的关系,如图 2.8 所示。原点 O_a 设在飞机质心,$O_a X_a$ 与空速矢量 $\boldsymbol{V}_K$ 一致,前飞为正。$O_a Z_a$ 在飞行器对称平面内,垂直于 $O_a X_a$ 轴,向下为正。$O_a Y_a$ 垂直于 $X_a O_a Z_a$ 平面,对右旋直升机向右为正。由速度坐标系与机体坐标系可建立迎角 α 与侧滑角 β。机身迎角 α 为 $\boldsymbol{V}_K$ 在机身对称平面 $X_{Ba} O_a Z_{Ba}$ 内的投影与 $O_a Z_{Ba}$ 的夹角。机体轴 $O_a Z_{Ba}$ 在速度 $\boldsymbol{V}_K$ 上方时迎角为正,侧滑角 β 为 $\boldsymbol{V}_K$ 与对称平面 $X_E O_a Z_{Ba}$ 的夹角,$\boldsymbol{V}_K$ 在 X_{Ba} 轴的右侧时侧滑角 β 为正,如图 2.8 所示。

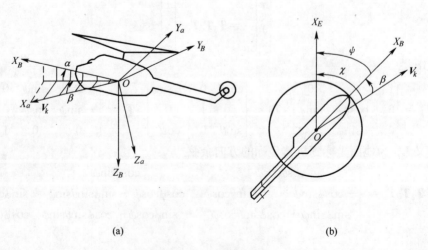

(a)   (b)

图 2.8　速度坐标系

由图 2.8 可知,航迹偏转角 $\chi=\psi+\beta$。通常飞行器通过协调转弯的控制,要求侧滑角 $\beta=0$,此时飞机的航向角 $\psi=\chi$。

由图 2.9 可得航向角 ψ 的计算式:

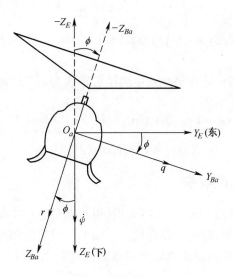

图 2.9　航向角的计算

$$\dot{\psi}=r\cos\phi+q\sin\phi$$
$$\psi=\psi_0+\int(r\cos\phi+q\sin\phi)\mathrm{d}t \tag{2.15}$$

式中:r,q 由航向速率陀螺及俯仰速率陀螺信号经滤波时间常数约为 0.03 滤波后给出。初始航向角 ψ_0 可由 GPS 给出。

2.1.7　地理坐标与地面坐标的转换

由 GPS 引导飞机着舰时,一般首先由初始经纬度 l_0,b_0 确定该点的地理坐标系 O_{E0},然后由飞机自身当前的经纬度位置 l_A,b_A,经计算,以确定飞行器在地面坐标系 $O_E-X_EY_E$ 中的位置 (x_{EA},y_{EA}),如图 2.10 所示。

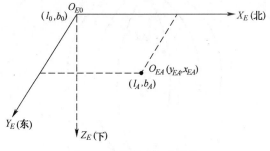

图 2.10　导航坐标系转换

由图 2.10 可知,已知坐标原点 O_{E0} 的经纬度为 l_0,b_0,飞行器当前位置 O_{EA} 的经纬度为 l_A,b_A。采用斯—克吕格地图投影方法,由下式可将运动体由经纬度表示的地理坐

标的当前位置转变为高斯地平面坐标 (x_{EA}, y_{EA})，即

$$x_{EA} = [A_x - B_x \cos(2\bar{b})](b_A - b_0)$$

$$y_{EA} = [A_y \cos\bar{b} - B_y \cos(3\bar{b})](l_A - l_0)$$

(2.16)

式中：$\bar{b} = (b_A + b_0)/2/57.3$，$A_x = 111132.952$m，$B_x = 559.849$m，$A_y = 111412.876$m，$B_y = 93.503$m。

通过下式可将飞行器由地面坐标系中的位置转换为相对应的地理坐标。

$$l_A = Y_{EA}/[A_y \cos\bar{b} - B_y \cos(3\bar{b})] + l_0$$

$$b_A = X_{EA}/[A_x - B_x \cos(2\bar{b})] + b_0$$

(2.17)

2.1.8　大圆航线及大圆导航

如前所述当已知当前点 $O_{EA}(l_A, b_A)$ 对初始点 $O_{E0}(l_0, b_0)$ 进行在地面坐标系中定位时，由于两点相距较短，故可看作在同一平面上。但当已知的 $A(l_0, b_0)$ 和 $B(l_1, b_1)$ 两点相距较远时，则通过此两点和地球坐标系原点是弧线，如图 2.11 所示。因此不能作地平面导航的假设。

因此对导航方法应作进一步假设。如果忽略地球的椭球特性，以一个与地球体积相同的正球体代替椭球体，则连接二点的大地线或称为大圆航线（见图 2.11），按该航线导航的方式称为大圆导航。由于解算球面三角矢量关系较为复杂，不利于飞行航迹的实时处理和解算，因此需要进行简化。实际上，由于航线一般是预先规划的，如若限定的每一航路段的长度在一定距离范围之内（如图 2.11 中所指的由数字表示的各航路段）。则邻近两个航路段之间的区域内地球表面可视为水平面。可以定义每一路段的起点及终点，从而构成各行路段的局部直角坐标系，再通过上一节的方法将各段的地理坐标转换成直角坐标，这样可以利用上节平面几何方法大大简化大圆导航航迹的计算过程。

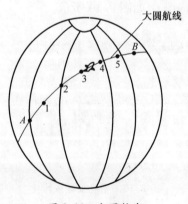

图 2.11　大圆航线

运用大圆导航的方法可将无人机从远距离导航至进场段，本书称为第一阶段导航。

再进入第二阶段即进场阶段导航,它已进入跟踪预期基准轨迹的制导阶段,然后进入最后的第三阶段,即着舰阶段的导航,也是按期望轨迹进行制导着舰。

2.1.9　三维空间坐标系之间的转换

已知一个运动点 P_i 在正交坐标系 $O_1 - X_1Y_1Z_1$ 中的空间位置,如图 2.12 所示,如何转换到正交坐标系 $O_2 - X_2Y_2Z_2$ 中的位置,这在无人机着舰制导中有重要的应用价值。

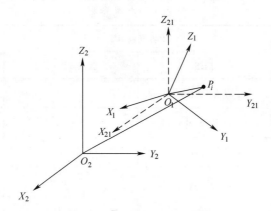

图 2.12　两空间坐标系转换

首先,通过欧拉角,将 P_i 点在 $O_1 - X_1Y_1Z_1$ 中的位置 $[X_{i1}\ Y_{i1}\ Z_{i1}]^T$ 转换到 $O_1 - X_{21}Y_{21}Z_{21}$ 的坐标系中,而 $X_{21}Y_{21}Z_{21}$ 三轴方位分别平行于 X_2 轴、Y_2 轴、Z_2 轴。其转换矩阵 $\boldsymbol{L}_B^E$ 与式(2.12)相一致,并认为 $\boldsymbol{L}_B^E$ 方位余弦中的欧拉角为 ψ,θ,ϕ 。

$$\begin{bmatrix} X_{i21} \\ Y_{i21} \\ Z_{i21} \end{bmatrix} = \boldsymbol{L}_B^E \begin{bmatrix} X_{il} \\ Y_{il} \\ Z_{il} \end{bmatrix} \tag{2.18}$$

然后,通过 O_1 与 O_2 的空间矢量 $\overline{O_1O_2} = [X_P\ Y_P\ Z_P]$ 将 O_1 平移至 O_2 ,最终得 P_i 在坐标系 $O_2 - X_2Y_2Z_2$ 中的位置 $[X_{i2}\ Y_{i2}\ Z_{i2}]^T$,即

$$\begin{bmatrix} X_{i2} \\ Y_{i2} \\ Z_{i2} \end{bmatrix} = \begin{bmatrix} X_p \\ Y_p \\ Z_p \end{bmatrix} + \begin{bmatrix} X_{i21} \\ Y_{i21} \\ Z_{i21} \end{bmatrix} = \begin{bmatrix} X_p \\ Y_p \\ Z_p \end{bmatrix} + \boldsymbol{L}_B^E \begin{bmatrix} X_{i1} \\ Y_{i1} \\ Z_{i1} \end{bmatrix} \tag{2.19}$$

若 ψ,θ,ϕ 为小量,则上式简化为

$$\begin{bmatrix} X_{i2} \\ Y_{i2} \\ Z_{i2} \end{bmatrix} = \begin{bmatrix} X_p \\ Y_p \\ Z_p \end{bmatrix} + \begin{bmatrix} X_{i1} \\ Y_{i1} \\ Z_{i1} \end{bmatrix} + \begin{bmatrix} 0 & -\psi & \theta \\ \psi & 0 & -\phi \\ -\theta & \phi & 0 \end{bmatrix} \begin{bmatrix} X_{i1} \\ Y_{i1} \\ Z_{i1} \end{bmatrix} \tag{2.20}$$

式中: ψ,θ,ϕ 以弧度表示。

2.2　无人直升机的着舰环境

直升机着舰不同于在陆地上着陆,直升机着舰要受到海况的影响,直升机的飞行环境主要有海面风速、舰船运动以及甲板区紊流。当无人直升机在海面上执行任务时,与舰船

的运动有很大关系。因此在执行着舰任务时都必须考虑到当时的海洋气象条件,无人直升机只能在海洋气象条件良好的情况下执行飞行、起飞和着舰等任务。如果遇到比较恶劣的气象条件,将会造成舰船剧烈运动,从而导致降落台的不稳定运动。为了无人直升机与舰船的安全,这样的情况是不适合无人直升机执行飞行与着舰任务的。

海浪将引起舰艇的周期运动,而风在海浪的产生中又扮演着主要角色。表 2.1 描述了各级海况下所对应的风速,并绘出了各级海况下的波浪高度。

表 2.1　海况参数

海　况	世界气象组织		风速/kn
	描述	波浪高度/m	
0	无浪(无波)	0	—
1	无浪(涟漪)	0~0.1	—
2	微浪(微波)	0.1~0.5	—
3	轻浪	0.5~1.25	15
4	中浪	1.25~2.5	20
5	大浪	2.5~4.0	25
6	巨浪	4.0~6.0	30
7	狂浪	6.0~9.0	—
8	狂涛	9.0~14.0	—

2.2.1　舰船甲板运动

本节给出美国诺克斯级军舰的的甲板运动模型,可作无人直升机着舰仿真研究时参考。

舰载无人直升机的着舰环境十分恶劣。受海风影响舰船存在六个自由度运动:俯仰、偏摆、滚转、沉浮、横荡和纵荡,如图 2.13 所示。其中俯仰和沉浮主要导致甲板的垂向线运动,舰船的偏摆和滚转主要导致甲板的横向线运动,使甲板总处于不规则的颠簸运动之中。大型舰船受风浪影响小,运动幅度小,但对中小型舰船运动幅度的影响则大得多。舰体前行时,海浪所造成的舰体三自由度偏摆及垂直起伏运动,将会使舰载机的预期着舰点变成一个三维空间上的活动点,会对舰载无人直升机着舰时的定位产生影响,因此,在设计无人直升机着舰控制系统时,必须考虑甲板的运动。

本章甲板运动模型使用正弦波叠加的方式模拟诺克斯级军舰甲板运动,具体模型如下:

(1) 舰船沉浮运动模型为

$$h_s(t) = [0.2172\sin(0.4t) + 0.4714\sin(0.5t) + 0.3592\sin(0.6t) + 0.2227\sin(0.7t)] \text{ m}$$

(2.21)

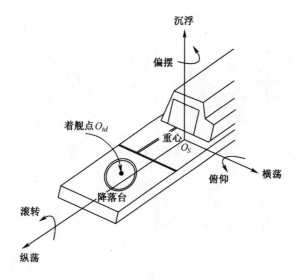

图 2.13　舰船运动示意图

（2）舰船俯仰运动模型为

$$\theta_s(t) = [0.005\sin(0.46t) + 0.00964\sin(0.58t) + 0.00725\sin(0.7t) + 0.00845\sin(0.82t)] \text{ rad}$$
(2.22)

（3）舰船滚转运动模型为

$$\phi_s(t) = [0.021\sin(0.46t) + 0.043\sin(0.54t) + 0.029\sin(0.62t) + 0.022\sin(0.7t)] \text{ rad}$$
(2.23)

由于直升机着舰需考虑的是降落台的运动，所以要将舰船重心 O_S 在地面坐标系 F_E 上的运动转换为降落台着舰点 O_{td} 在 F_E 坐标系上的运动。

（4）降落台垂直方向运动模型为

$$h_p(t) = [57.11\sin\theta_s(t) + 13.2\sin^2(0.5\phi_s(t)) + h_s(t)] \text{ m}$$
(2.24)

（5）降落台水平横向运动模型为

$$y_p(t) = [6.6\sin(\phi_s(t))] \text{ m}$$
(2.25)

对上述舰船甲板运动进行时域仿真，如图 2.14～图 2.19 所示。

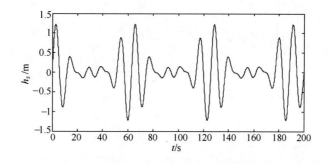

图 2.14　舰船沉浮运动仿真曲线

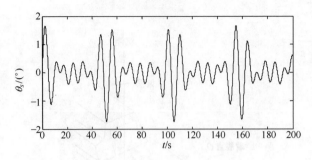

图 2.15　舰船俯仰运动仿真曲线

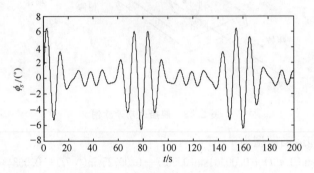

图 2.16　舰船滚转运动仿真曲线

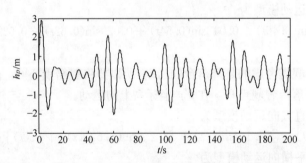

图 2.17　降落台垂直方向运动仿真曲线

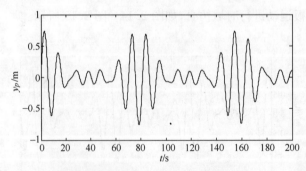

图 2.18　降落台水平横向运动仿真曲线

　　通过图 2.19 可以看出,降落台的垂直方向运动的幅值比横向运动大,即降落台垂直方向的运动是影响无人直升机着舰的关键因素之一。

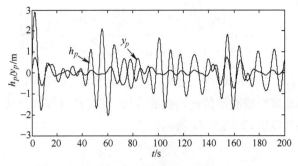

图 2.19 降落台运动比较

降落台的运动对基准进场轨迹的生成有很大的影响,它可以以进场着舰运动补偿的方法加入到制导系统中去,以实现对甲板运动有效的跟踪,具体见第三章公式(3.2)。

2.2.2 大气紊流干扰

本节将给出着舰状态由于大气紊流作用于直升机的气流干扰模型,并给出相应的仿真结构。

直升机飞行到舰船附近准备着舰时,会受到舰船附近的大气紊流的影响,因此需要建立大气紊流的模型。而随着舰船结构的不同,舰船附近大气紊流的影响也不同。大气紊流也是影响直升机着舰的关键因素之一。大气紊流形成的主要原因是海面上的气流受到船体外壳与舰船建筑物的影响而产生的流场行为。然而,大气紊流风场数据的测量具有一定的难度,因此,需要根据模拟的方法来得到大气紊流的流场分布,如图 2.20 所示。

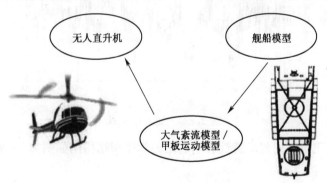

图 2.20 无人直升机、甲板运动与大气紊流关系

不同舰船有不同的大气紊流与甲板运动,对直升机产生不同的影响。

大气紊流干扰所对应的成形滤波器传递函数为

$$H_w(s) = \frac{4\sigma_w \sqrt{\dfrac{L_w}{V}} \left(1 + 2.7478 \dfrac{L_w}{V}s + 0.3398 \left(\dfrac{L_w}{V}s\right)^2\right)}{1 + 2.9958 \dfrac{L_w}{V}s + 1.9754 \left(\dfrac{L_w}{V}s\right)^2 + 0.1539 \left(\dfrac{L_w}{V}s\right)^3} \tag{2.26}$$

式中: L_w 为干扰振幅; σ_w 为干扰强度; V 为相关风速。

因为冯·卡曼模型主要适用于形成高速下的大气干扰,而不适合形成着舰区紊流干扰,因此对上式进行如下修改以适合形成紊流干扰的模型。

$$H_w(s) = \frac{4\sigma_w\sqrt{\frac{L_w}{V}}\left(1 + b_1\frac{L_w}{V}s + b_2\left(\frac{L_w}{V}s\right)^2\right)}{1 + a_1\frac{L_w}{V}s + a_2\left(\frac{L_w}{V}s\right)^2 + a_3\left(\frac{L_w}{V}s\right)^3} \tag{2.27}$$

式中：系数 $a_n(n=1,2,3)$，$b_m(m=1,2)$ 由非线性最小二乘法确定。

采用白噪声驱动成形滤波器传递函数的方法，可以得到作用于无人直升机机体轴的各气流扰动变量的等效值，如图 2.21 所示。

图 2.21　由大气紊流产生时间域的传递函数

（1）产生纵向气流扰动 Δu_w 的成形滤波器传递函数为

$$H(s) = \frac{0.1042s^2 + 2.3588s + 19.1603}{0.1075s^3 + 0.1741s^2 + 2.5696s + 1}$$

经仿真，得到如图 2.22 所示的 $\Delta u_w(t)$。

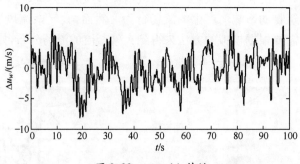

图 2.22　$\Delta u_w(t)$ 特性

大气紊流对飞机纵向气动特性影响的动力学模型结构图如图 2.23 所示。

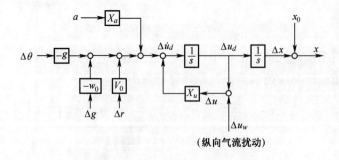

图 2.23　飞机纵向运动中的气流扰动

（2）产生横向速度扰动的成形滤波器传递函数为

$$H(s) = \frac{0.0838s^2 + 0.5626s + 12.9292}{0.0402s^3 + 0.2108s^2 + 1.2048s + 1}$$

经仿真得如图 2.24 所示的 $\Delta v_w(t)$。

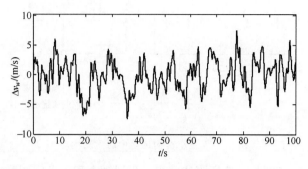

图 2.24　$\Delta v_w(t)$ 特性

大气紊流对飞机侧向气动特性影响的动力学模型结构图如图 2.25 所示。

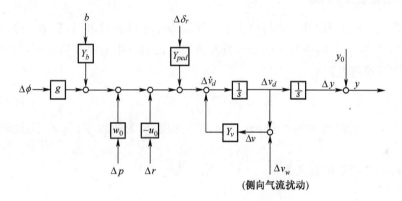

图 2.25　飞机侧向运动中的气流扰动

（3）产生垂向速度扰动的成形滤波器传递函数为

$$H(s) = \frac{0.2475s^2 + 4.4454s + 31.9292}{0.1494s^3 + 0.4718s^2 + 2.7311s + 1}$$

经仿真得如图 2.26 所示的 $\Delta w_w(t)$。

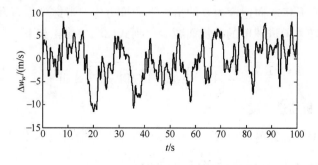

图 2.26　$\Delta w_w(t)$ 特性

大气紊流对飞机法向气动特性影响的动力学模型结构图如图 2.27 所示。

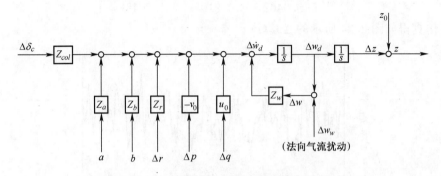

图 2.27　飞机垂向运动中的气流扰动

由图 2.23、图 2.25、图 2.27 所表达的直升机运动方程可参阅国防工业出版社出版的《直升机飞行控制(第二版)》。

2.2.3　地面效应建模

当直升机在地面附近悬停时,旋翼下洗气流由于受地面的阻挡,其垂直分量在接近地面时变为零,使旋翼处的诱导速度小于直升机在自由大气中悬停时的情况,这便是地面效应。减小的气流速度如下

$$\delta v_i = \frac{R^2}{16 Z_g^2} v_i \tag{2.28}$$

式中:δv_i 为下洗流速度的减少量;v_i 为下洗流速度;R 为旋翼半径;Z_g 为旋翼圆盘离地的高度。

直升机的牵引功率定义为

$$P_i = T v_i \tag{2.29}$$

功率 P_i 为直升机的发动机做功使叶片旋转,产生 v_i 的向下牵引速度,发动机所需要花费的功率。当功率一定时,下洗流速度的减少会带来旋翼推力的增加。

$$\frac{T_{IGE}}{T_{OGE}} = \frac{v_i}{\delta v_i - v_i} = \frac{1}{\left[1 - \frac{1}{16} \left(\frac{R}{Z_g} \right)^2 \right]} \tag{2.30}$$

式中:T_{OGE} 为不考虑地面效应下的推力;T_{IGE} 为考虑地面效应下的推力。

式(2.30)是直升机前向速度为 0 的情况下的推力比。考虑到当直升机具有前进速度时,推力 T_{IGE} 会随着前进速度的增加而减少。则式(2.30)修正如下

$$\frac{T_{IGE}}{T_{OGE}} = \frac{1}{\left[1 - \frac{1}{16} \left(\frac{R}{Z_g} \right)^2 / \left(1 - \left(\frac{V}{v_i} \right)^2 \right) \right]} \tag{2.31}$$

式中:V 代表直升机前进速度。

取前向速度 $V = 0$,旋翼半径 $R = 6.4\,\mathrm{m}$,对式(2.31)进行仿真,得出的推力比 $\frac{T_{IGE}}{T_{OGE}}$ 随旋翼圆盘离地的高度 Z_g 的变化,如图 2.28 所示。

在前向速度 $V = 0$ 的情况下,当旋翼离地高度约为 0.6 倍的旋翼半径时($Z_g = 0.6R$),推力约增加 20%。随着旋翼离地高度的逐渐增加,推力的增量逐渐减少。直到

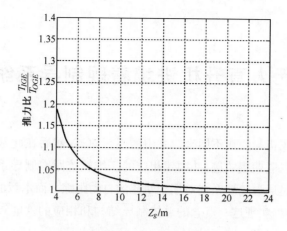

图 2.28　直升机推力比随地面高度的变化

$Z_g = 2R$ 时，推力的增量已经微乎其微，可以忽略不计了。

第三章　无人直升机进场着舰制导系统总体结构

本章首先定义飞机与舰在不同坐标系中的飞行轨迹,然后在此基础上建立基于地面坐标系的飞机三维着舰期望轨迹,并构建相应的三维轨迹跟踪制导系统。因为无人直升机自动着舰的实质是通过制导系统对期望轨迹的自动跟踪。而本章的核心揭示了这一实质的物理概念,并给出实现这一概念的总体制导结构和相应的性能指标。故本章对下面章节的开展具有指导意义。

3.1　无人直升机三维基准轨迹的生成

本节将首先描述直升机及舰在不同坐标系中的运动轨迹,然后给出三维期望轨迹表达式,并最终建立基于着舰点的期望基准轨迹。

3.1.1　直升机及舰在不同坐标系中的运动轨迹

为说明无人直升机进场着舰三维基准轨迹生成的原理。应首先给出描述直升机飞行轨迹及舰行驶轨迹的各坐标系,见图 3.1。

(1) $O_E - X_E Y_E Z_E$:地面坐标系,简称 F_E ,即 NED 坐标系。

(2) $O_S - X_{BS} Y_{BS} Z_{BS}$:舰体坐标系,简称 F_{BS} 。X_{BS} 为舰纵轴,Y_{BS} 为横轴,Z_{BS} 为立轴,按右手定则,Z_{BS} 向下为正。原点 O_S 为舰质心。

(3) $O_S - X_{ES} Y_{ES} Z_{ES}$:简称 F_{ES} 。以舰质心 O_S 为原点的 NED 坐标系。

(4) $O_{td} - X_{Btd} Y_{Btd} Z_{Btd}$:简称 F_{Btd} 。以着舰点 O_{td} 为原点,各轴与 F_{BS} 坐标轴平行的坐标系。

(5) $O_{td} - X_{Etd} Y_{Etd} Z_{Etd}$:简称 F_{Etd} 。以着舰点 O_{td} 为原点的 NED 坐标系。

下面将定义飞机及舰相对于不同坐标系中的运动轨迹。

(1) 飞机相对于地面坐标系 $O_E - X_E Y_E Z_E$ 的运动轨迹,以矢量 $\boldsymbol{R}_a^E$ 表示。它相当于人在地面上观察到的飞行轨迹。

(2) 舰相对于地面坐标系 $O_E - X_E Y_E Z_E$ 的运动轨迹,以矢量 $\boldsymbol{R}_S^E$ 表示。它相当于人在地面上观察到的舰船轨迹。

(3) 飞机相对于舰坐标系 $O_S - X_{ES} Y_{ES} Z_{ES}$ 的运动轨迹,称为飞机相对于舰的相对运动,相当于人处于舰上观察到的飞行轨迹,以矢量 $\boldsymbol{R}_{aS}^E$ 表示。

本文称舰质心 O_S 相对于地面坐标系 F_E 中的运动轨迹 $\boldsymbol{R}_S^E$ 为牵连运动,称飞机相对于舰坐标系 $O_S - X_{ES} Y_{ES} Z_{ES}$ 的运动为相对运动 $\boldsymbol{R}_{aS}^E$,则飞机对地面坐标系 F_E 的运动

$\boldsymbol{R}_a^E$ 为绝对运动。因此

$$\boldsymbol{R}_a^E = \boldsymbol{R}_{aS}^E + \boldsymbol{R}_S^E \tag{3.1}$$

应该着重指出,飞机进场着舰的期望基准轨迹应为 $\boldsymbol{R}_a^E$,本文称它为 $\boldsymbol{R}_{a,Des}^E$,它是在地面坐标系 F_E 中生成的。因为飞行器在空中运动的位置测量信号(例如以 GPS 作为导航信息时)是在地面坐标系 F_E 中形成的。描述飞行器运动轨迹的坐标系与其位置测量的坐标系必须统一。

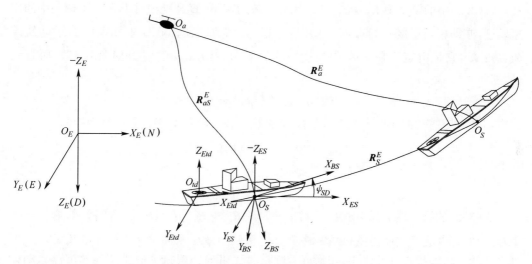

图 3.1　无人直升机进场着舰运动轨迹

3.1.2　无人直升机三维期望基准轨迹表达式

定义 $\boldsymbol{R}_{a,OS,Des}^E$ 为制导系统须跟踪的三维期望基准轨迹,它是在以舰质心 O_S 为原点的 NED 坐标系 F_{ES} 中形成的轨迹。其表达式为

$$\boldsymbol{R}_{a,OS,Des}^E(t) = \boldsymbol{R}_{S_0}^E(t) + \boldsymbol{L}_{B_0}^E \boldsymbol{R}_{a,OS,Des}^{BS} + K(d)\left[\Delta\boldsymbol{R}_S^E + (\boldsymbol{L}_B^E - \boldsymbol{L}_{B_0}^E)\boldsymbol{R}_{a,OS,Des}^{BS}\right] \tag{3.2}$$

在式(3.1)的启示下,可分析上式的各组成项所包含的内容。

第一项 $\boldsymbol{R}_{S_0}^E$ 为平静海况时,舰 O_S 在 F_E 中的运动轨迹(牵连运动)。

由于

$$\boldsymbol{R}_S^E = \boldsymbol{R}_{S_0}^E + \Delta\boldsymbol{R}_S^E \tag{3.3}$$

式中:$\boldsymbol{R}_{S_0}^E(X_{S_0}^E, Y_{S_0}^E, Z_{S_0}^E)$ 为平静海洋中舰在 F_E 中的三维运动轨迹,其中

$$\begin{cases} X_{S_0}^E(t) = [\dot{X}_{BS}\cos\psi_{S_0} \cdot t + \dot{Y}_{BS}\sin\psi_{S_0} \cdot t] + X_{S_0}^E(0) \\ Y_{S_0}^E(t) = [-\dot{X}_{BS}\sin\psi_{S_0} \cdot t + \dot{Y}_{BS}\cos\psi_{S_0} \cdot t] + Y_S^E(0) \\ Z_{S_0}^E(t) = 0 \end{cases} \tag{3.4}$$

式中:$X_{S_0}^E(t)$ 为平静海洋中舰质心 O_S 在 F_E 坐标系中沿 X_{ES} 方向运动轨迹;$Y_{S_0}^E(t)$ 为平静海洋中舰质心 O_S 在 F_E 坐标系中沿 Y_{ES} 方向运动轨迹;$X_{S_0}^E(0)$,$Y_{S_0}^E(0)$ 为 O_S 在 F_E

中进场时的初始位置,它可由 GPS 导航系统给出;$\dot{X}_{BS}$,$\dot{Y}_{BS}$ 为舰沿 X_{BS} 轴与 Y_{BS} 轴方向的运动速度;ψ_S 为舰的航向角,应注意舰的欧拉角 $\psi_S = \psi_{S_0} + \Delta\psi_S$,$\Delta\psi_S$ 为海浪引起的偏摆运动。

设置 $Z_{S_0}^E = 0$,认为 F_E 中原点 O_E 与 O_S 在同一高度上。

式(3.3)中的 $\Delta \boldsymbol{R}_S^E$ 坐标值为 $\Delta \boldsymbol{R}_S^E(0, 0, \Delta Z_S)$,$\Delta Z_S$ 为舰的沉浮运动,它将归纳在式(3.2)的第三项中,作为甲板运动跟踪项。

式(3.2)中的第 2 项 $\boldsymbol{L}_{B_0}^E \boldsymbol{R}_{a,OS,Des}^{BS}$ 为在平静海况下,直升机相对于 F_{ES} 坐标系中的期望轨迹,亦即相当于舰在行驶时,直升机在以 O_S 为原点的 NED 坐标系中的运动轨迹 $\boldsymbol{R}_{aS,OS,Des}^E$,它是由定义在 F_{BS} 中的期望飞行轨迹 $\boldsymbol{R}_{a,OS,Des}^E$ 通过方向余弦 $\boldsymbol{L}_{B_0}^E$ 而得到的,即

$$\boldsymbol{R}_{aS,OS,Des}^E = \boldsymbol{L}_{B_0}^E \boldsymbol{R}_{a,OS,Des}^{BS} \tag{3.5}$$

式中:$\boldsymbol{L}_{B_0}^E$ 是平静海洋时,飞机轨迹从坐标系 F_{BS} 转换到 F_{ES} 坐标系的转换矩阵。且

$$\boldsymbol{L}_{B_0}^E = \begin{bmatrix} \cos\psi_{s_0} & -\sin\psi_{s_0} & 0 \\ \sin\psi_{s_0} & \cos\psi_{s_0} & 0 \\ 0 & 0 & 0 \end{bmatrix} \tag{3.6}$$

式(3.2)的第 3 项 $K(d)[\Delta \boldsymbol{R}_S^E + (\boldsymbol{L}_B^E - \boldsymbol{L}_{B_0}^E)\boldsymbol{R}_{a,OS,Des}^{BS}]$ 表示海洋不平静时,舰体产生沉浮运动,以及舰产生航向欧拉角偏移量 $\Delta\psi$、滚转角 ϕ_S、俯仰角 θ_S 时,对定义在 F_{ES} 坐标系中的飞机期望轨迹的修正,在临近着舰点时飞机的期望轨迹应跟踪舰的沉浮运动以及跟踪由于甲板的滚转、偏摆及俯仰运动而引起的在 F_{ES} 坐标系中的线运动。

式(3.2)中,$\boldsymbol{L}_B^E$ 为舰体坐标系 F_{BS} 转换为 F_E 坐标系的方向余弦,且 $\boldsymbol{L}_B^E$ 为

$$\boldsymbol{L}_B^E = \begin{bmatrix} \cos\theta_S\cos\psi_S & -\cos\phi_S\sin\psi_S + \sin\phi_S\sin\theta_S\cos\psi_S & \sin\phi_S\sin\psi_S + \cos\phi_S\sin\theta_S\cos\psi_S \\ \cos\theta_S\sin\psi_S & \cos\phi_S\cos\psi_S + \sin\phi_S\sin\theta_S\sin\psi_S & -\sin\phi_S\cos\psi_S + \cos\phi_S\sin\theta_S\sin\psi_S \\ -\sin\theta_S & \sin\phi_S\cos\theta_S & \cos\phi_S\cos\theta_S \end{bmatrix} \tag{3.7}$$

所以,$(\boldsymbol{L}_B^E - \boldsymbol{L}_{B_0}^E)\boldsymbol{R}_{a,OS,Des}^{BS}$ 表示飞机仅跟踪舰的偏摆 $\Delta\psi_S$ 及 ϕ_S,θ_S 角运动而引起的甲板角运动。

式(3.2)中的 K_d 为一权函数。只有当飞机离 O_S 的距离 d 减小到一定时,才对甲板运动进行跟踪,$K(d)$ 以指数形式,随 d 的减小逐步加入。

$$K(d) = \exp\left[-\left(\frac{d - d_0}{0.2d_0}\right)^2\right] \quad \text{当 } d > d_0 \tag{3.8}$$

$$d = \boldsymbol{R}_{aS}^E = |\boldsymbol{R}_a^E - \boldsymbol{R}_S^E| \tag{3.9}$$

当 $d \leqslant d_0$,$K(d) = 1$。

例如可取 $d_0 = 95\text{m}$。该 d_0 的大小应考虑飞行器动态运动有足够过渡时间以跟踪甲板运动。对式(3.2)进行微分,可得飞行器在 F_{ES} 坐标系中的期望轨迹的速率。

$$\dot{\boldsymbol{R}}_{a,OS,DES}^E(t) = \dot{\boldsymbol{R}}_{S_0}^E(t) + \boldsymbol{L}_{B_0}^E \dot{\boldsymbol{R}}_{a,OS,Des}^{BS} + K(d)[\Delta \dot{\boldsymbol{R}}_S^E + (\boldsymbol{L}_B^E - \boldsymbol{L}_{B_0}^E)\dot{\boldsymbol{R}}_{a,OS,Des}^{BS} + \boldsymbol{L}_B^E \tilde{\omega}_s^s \boldsymbol{R}_{a,OS,Des}^{BS}] \tag{3.10}$$

式中：$\widetilde{\boldsymbol{\omega}}_S^S$ 是舰的角速度矩阵。

$$\widetilde{\boldsymbol{\omega}}_S^S = \begin{bmatrix} 0 & -\omega_z & \omega_y \\ \omega_z & 0 & -\omega_x \\ -\omega_y & \omega_x & 0 \end{bmatrix} \tag{3.11}$$

式中：$\omega_x, \omega_y, \omega_z$ 为舰船的三轴角速度。

3.1.3 基于着舰点的三维期望轨迹的生成

上节建立的期望轨迹 $\boldsymbol{R}_{a,OS,Des}^E(t)$ 是建立在以舰质心 O_S 为原点的 NED 坐标系即 F_{ES} 坐标系中的。而飞行器着舰的期望轨迹应建立在以着舰点 O_{td} 为原点的 NED 坐标系即 F_{Etd} 坐标系中。故应考虑 O_S 与 O_{td} 的斜距矢量 $\overline{O_S O_{td}}$，将坐标点 O_S 平移至 O_{td}。从而构成以着舰点 O_{td} 的 F_{Etd} 坐标系中的期望三维轨迹 $\boldsymbol{R}_{a,td,Des}^E(t)$，且

$$\boldsymbol{R}_{a,td,Des}^E(t) = \boldsymbol{R}_{a,OS,Des}^E(t) + \boldsymbol{L}_B^E \begin{bmatrix} L_{td} & -Y_{td} & G_{td} \end{bmatrix}^T \tag{3.12}$$

式中：L_{tD} 为着舰点 O_{td} 在舰质心 O_S 前方的距离；G_{td} 为 O_{td} 在 O_S 上方的距离；Y_{td} 为 O_{td} 在 O_S 右边的距离。其几何关系如图 3.2 所示。

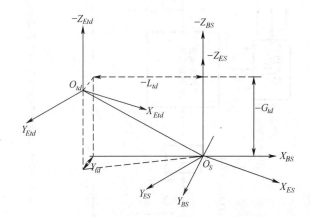

图 3.2 理想着舰点 O_{td} 与质心 O_S 的几何关系

3.2 无人直升机进场着舰三维制导系统结构

图 3.3 给出了无人直升机进场着舰三维制导系统总体结构，制导系统的输入为在 F_{Etd} 坐标系中实时生成的期望轨迹 $\boldsymbol{R}_{a,td,Des}^E(t)$。$\boldsymbol{R}_{a,td}^E(t)$ 为 GPS 测得的飞机相对于 F_{Etd} 坐标系的空间位置，它与 $\boldsymbol{R}_{a,td,Des}^E(t)$ 之间的制导误差为 $\Delta\boldsymbol{R}_{a,td,Des}^E(t)$，经制导律处理，形成 F_{Etd} 坐标系中的三轴速度误差，为了加速制导系统的动态过程，引入在 F_E 坐标系中的期望轨迹速度信号 $\dot{\boldsymbol{R}}_{a,td,Des}(t)$，然后通过 $\boldsymbol{L}_E^B$ 方向余弦阵，转化为机体轴中的速度误差控制信号，经三轴飞行速度控制系统，得出三轴速度的修正量，经 $\boldsymbol{L}_B^E$ 阵及运动学转为飞机在 F_{Etd} 坐标系中的空间位置 $\boldsymbol{R}_{a,td}^E$。

图 3.4 为引入期望基准轨迹生成过程的着舰制导系统，并引入了对甲板运动跟踪信

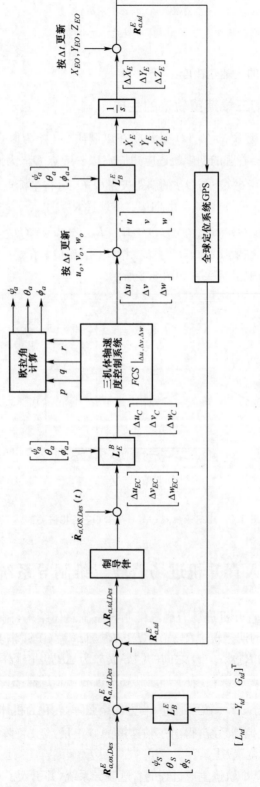

图 3.3 无人直升机进场着舰三维制导系统总体结构

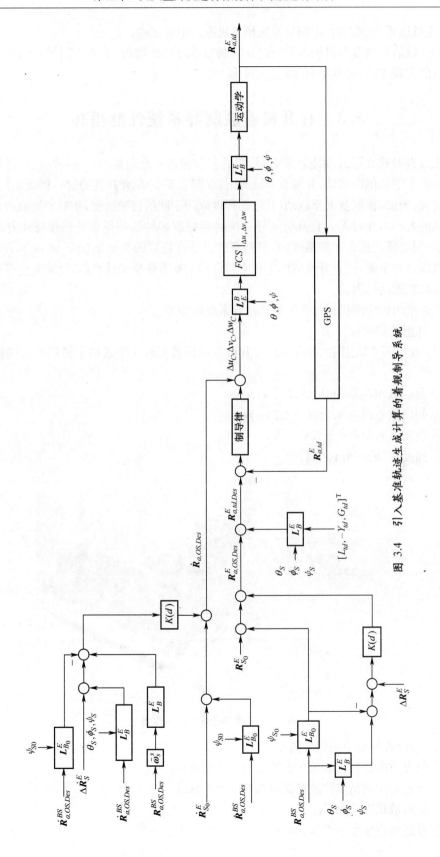

图 3.4 引入基准轨迹生成计算的着舰制导系统

息,使飞机接近着舰点时,由制导系统使飞机跟踪甲板运动。

　　本书以后的诸章节将按本章所建立的制导系统总统结构,给出不同类型的直升机制导系统的实现途径,使其更具体,更工程化。

3.3　直升机着舰制导系统性能指标

　　无人直升机在跟踪期望轨迹时,从舰的左舷旁边的稳定悬停(hover)状态,开始执行飞向甲板上空的侧向移动,并留在着陆点上空(图3.5)。在直升机的这一机动期间,由于舰有横滚、俯仰、偏航及沉浮运动(其波动程度取决于舰的行驶速度,相对于波浪的攻角及甲板风的大小),此时无人直升机制导系统必须抑制多种扰动使直升机保持在着陆点上空,在一定的额定散布误差范围内,经判断舰正处在稳定的静止期(quiescent period)时,直升机即开始下降,使直升机的两主轮中间点锁定在着陆格子栅栏内,使着舰点误差限制在规定的性能指标内。

　　下面给出的性能指标可作为设计制导系统时参考。

　　1. 理想性能指标要求

　　(1) 在甲板着陆点上空停留时,直升机空间位置相对于甲板格子栅栏中心的保持要求为:

　　① 前后散布误差 3m(±1.5m);

　　② 侧向散布误差 4.5m(±2.25m);

　　③ 航向散布误差<±5°;

　　④ 高度在 3m～9m 之间。

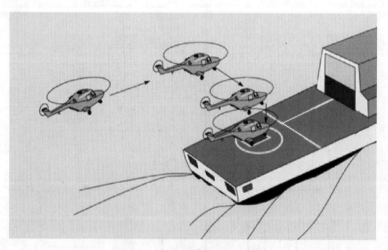

图 3.5　直升机着舰阶段示意图

　　(2) 着陆在甲板上的误差限制:

　　① 位置的前后精度的散布误差 2.6m(±1.3m);

　　② 位置的侧向精度的散布误差 1.6m(±0.8m);

　　③ 航向散布误差±5°;

　　④ 着陆垂直速度小于 3.5m/s;

⑤ 侧向着陆速度小于 1.0m/s。

2. 能满足要求的(允许的)着陆性能指标

(1) 在甲板着陆点上空停留是空间位置相对于格子中心误差要求为:

① 前后散布误差 4.5m(±2.25m);

② 侧向散布误差 6m(±3m);

③ 航向散布误差小于10°;

④ 高度保持在 3m～12m 之间。

(2) 着陆在甲板上的误差限制:

① 前后散布误差 2.5m(±1.3m);

② 侧向散布误差 2.1m(±1.05m);

③ 航向散布误差小于±10°;

④ 着陆垂直速度小于 4.2m/s;

⑤ 侧向着陆速度小于 1.0m/s。

第四章 基于视线的无人直升机进场制导系统

4.1 引 言

直升机进场并降落到一个运动着的舰船甲板上是一项艰巨的任务,即使飞机是有人操纵下也不容易。因此须开发一种制导系统使飞机成功着舰。

为了实现无人直升机自主着舰,将着舰过程分为两步:第一步是无人直升机自主返航进场,直至位于舰船附近一固定点并与舰船同速同向飞行;第二步为无人直升机以水平侧飞的方式飞行到甲板降落台正上方,再选择适当时机,相对于航行中的舰船垂直降落。本章只研究第一步——进场制导。

为了实现无人直升机的进场制导,首先根据直升机目前相对于舰船坐标系 F_{BS} 的空间位置、速度、航向设定航路点,通过三次样条插值将航路点插值成一条平滑的基准航线,再将基准航线在空间上离散成路径点,基于视线制导的思想,形成制导指令基准航迹角 χ_c,将基准航迹角 χ_c 输入到飞控系统滚转通道中,通过控制无人直升机的滚转角来跟踪基准航迹角 χ_c。再通过协调转弯的方式控制偏航角速率 r,以达到无侧滑转弯的目的。另外,采用 PID 控制以实现基于路径点的高度和速度跟踪。

仿真结果表明,基于视线的无人直升机进场制导系统能很好地引导无人直升机进场返航,与传统的进场制导系统相比,具有制导系统结构简单、跟踪精度较高的优点。

4.2 有人操纵的直升机着舰过程

现今,有人控制的直升机一般按下面的过程将直升机安全地着舰在甲板上,其过程可作为无人直升机返航轨迹借鉴。直升机控制官(HCO)负责引导与控制直升机。在舰的操纵中心,HCO 在雷达屏幕上观察直升机相对于甲板的相对位置,并用无线电与飞行员进行联系。舰上的跟踪雷达不断地给出直升机的位置、飞行航向及速度。通过语音或敌我识别器 HCO 还可得到高度信息。

直升机着舰受天气的限制,这由舰上的舰机操作限制器(SHOLS)来执行这一任务,使只有在天气限制范围内才能着舰。

图 4.1 显示了直升机到达进场门的实例。通常有两种不同的方式进场:着舰控制进场和极低能见度下的进场。

图 4.2 给出了某直升机进场时高度的下降线。假设使用由舰上操纵控制进场,当直升机飞行至舰后面,离舰 0.25n mile,高度约为 125ft,如图中的 A 点时,假设飞行员在这一点上看到了舰。他将操纵直升机到达舰的左舷一边,并下降到离甲板高度 2～3m 处,并与舰并行飞行,且调整速度与舰的速度一致。

飞行员看到甲板上的着舰点标志后,如图 4.3 所示。此时在甲板上进行侧向移动。

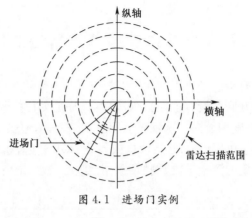

图 4.1 进场门实例

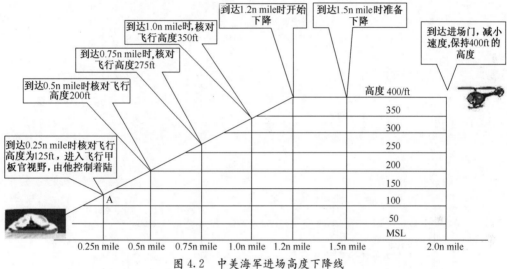

图 4.2 中美海军进场高度下降线

假如 SHOLS 认为天气条件许可,着陆甲板官(FDO)将使用灯光杆(lighting sticks)及语音系统导引飞机下降着地。

图 4.3 飞行员按照甲板上的着陆标志在甲板上进行侧向移动

4.3　无人直升机进场基准轨迹的描述

本章论述的无人直升机进场过程在原理上与有人直升机进场过程是相似的。但是飞行员与甲板控制官的相互联系没有了，因此需要由直升机飞行控制系统从制导系统中得到直升机应飞的速度、高度和航向。这就要求导航系统不断地给出直升机在地面坐标系中的精确位置。这一信息可以由 GPS 接收机或差分 DGPS 接收机获得，而着舰前的最后微调阶段必须采用更精确的测量手段，例如采用高度表或激光定位等技术。

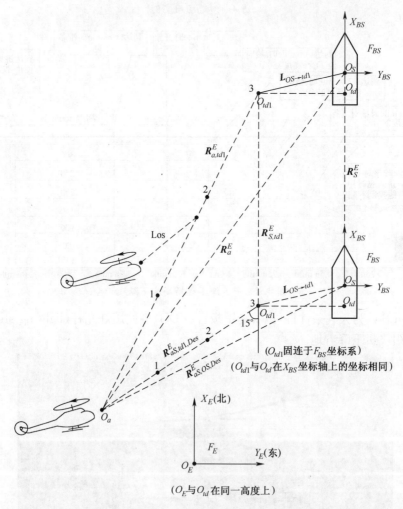

图 4.4　无人直升机进场基准轨迹的生成过程

无人直升机进场着舰首先应建立飞行的基准轨迹。图 4.4 描述了无人直升机进场基准轨迹的建立过程。首先应建立直升机在以着舰点 O_S 为原点的舰船坐标系（F_{BS}）中的相对运动基准轨迹 $R_{aS,OS,Des}^{BS}$，然后通过 L_{B0}^E 方向余弦建立在 F_{ES} 坐标系中的基准轨迹 $R_{aS,OS,Des}^E$，即 $R_{aS,OS,Des}^E = L_{B0}^E \cdot R_{aS,OS,Des}^{BS}$。该轨迹与舰船固连（即与舰一起移动）。然后

通过进场终点 O_{td1} 与 O_S 的斜矩矢量 $\boldsymbol{L}_{OS \to td1}(X_{TD}, Y_{TD}, Z_{TD})$,将 $\boldsymbol{R}^E_{aS,OS,Des}$ 平移至 O_{td1} 点上,建立 $\boldsymbol{R}^E_{aS,td1,Des}$ 期望轨迹。其中 O_{td1} 点为舰船坐标系 F_{BS} 中的一个固定点,且 O_{td1} 在 X_{BS} 轴上的坐标与着舰点 O_{td} 相同。第三,由于舰相对于 F_E 作牵连运动 $\boldsymbol{R}^E_S$,与舰船固连的点 O_{td1} 也作牵连运动 $\boldsymbol{R}^E_{S,td1}$,因此最终可得直升机在地面坐标系 F_E 中的基准轨迹 $\boldsymbol{R}^E_{a,td1}$,即

$$\boldsymbol{R}^E_{a,td1} = \boldsymbol{R}^E_{aS,td1,Des} + \boldsymbol{R}^E_{S,td1} \tag{4.1}$$

图 4.4 中假设舰航行方向为正北。地面坐标系 F_E 的原点 O_E 与舰重心 O_{td} 在同一高度上。

以某直升机为例,$\boldsymbol{R}^E_{aS,td1,Des}$ 轨迹的三航路点构成一条直线。终点在舰甲板左侧,航路点的高度从 82ft(25m)下降到 27ft(8.4m),航线与舰行驶方向构成 15° 的进场角。

4.4　无人直升机进场航迹的生成与平滑

为了对无人直升机进行进场制导,应首先根据直升机当前在舰船坐标系 F_{BS} 的空间位置、速度、航向设定进场航路点,然后通过进场终点 O_{td1} 与 O_S 的斜矩矢量 $\boldsymbol{L}_{OS \to td1}(X_{TD}, Y_{TD}, Z_{TD})$,将进场航路点平移至 O_{td1} 点上,通过三次样条插值法将航路点插补成一条平滑的基准进场轨迹 $\boldsymbol{R}^E_{aS,td1,Des}$。本章将采用视线制导法形成制导系统指令,然后通过飞行控制系统内回路使无人直升机不断跟踪所设置的航线。

根据无人直升机的着舰过程,无人直升机首先要以一个较快的速度到达进场线起始位置,以某型直升机进场为例,速度控制在约 60m/s,高度控制在 122m,为了控制航向与进场航线一致,直升机必须采用协调转弯的方法转弯。在进场时,必须同时控制速度使其缓慢减小,高度沿进场线下降,并保持无人直升机的姿态稳定。最终进场完成时,必须使无人直升机的速度方向与舰船速度方向一致,即无人直升机位于舰船附近的一固定点,如图 4.4 所示的航路点 3,并与舰船并行平飞。

4.4.1　航路点的生成

航路点可定义为飞行器在空中飞行时必须跟踪的一个点或一系列的点。而航路点生成器则负责产生这些点,而这些跟踪点在物理上必须是可实现的,所产生的航路点作为数据库存放在计算机的数据库中,这些点即组成飞行器的跟踪轨迹。

每个航路点在 F_{Ed} 坐标系中可表达为 (x_n, y_n, z_n),其中 $k = 1, \cdots, n$,因此航路点数据库由如下组成

$$wpt.\,pos = \{(x_0, y_0, z_0), (x_1, y_1, z_1), \cdots, (x_n, y_n, z_n)\}$$

此外,作为航路点特性,例如速度,航向角等,在数据库中的定义为

$$wpt.\,speed = \{U_0, U_1, \cdots, U_n\}$$
$$wpt.\,heading = \{\psi_0, \psi_1, \cdots, \psi_n\}$$

这意味着飞行器必须以速度 U_i,航向角 ψ_i 通过航路点 (x_i, y_i, z_i)。航路点数据库的生成必须遵循如下准则。

(1) 完成飞行任务要求:飞行器从起始点 (x_0, y_0, z_0) 飞到终点 (x_n, y_n, z_n) 必须通

过航路点 (x_i, y_i, z_i)。

（2）考虑环境因素：选择航路点应从节能优化及避开坏天气以保证安全飞行。

（3）障碍回避：选择的航路必须回避建筑物及其他障碍物。

（4）航路必须考虑可实现性：所设计的航路点必须在物理上是可实现的。当机动到下一个航路点时不应超过最大速度，及此时允许的转弯半径。

航路点生成器的宗旨是使直升机以可行的路线到达要求的目的地。这需在三维空间中给出辅助航路点，以形成连续的给定轨迹。而这些航路点可通过三次样条插值或五次样条插值法来完成。生成的航路点必须考虑下面的物理限制。

（1）直升机的最小转弯半径。该转弯半径是在要求的进场速度下确定的。例如对 Westland Lynx 直升机，它的最大进场速度为 330km/h 或近似为 90m/s。

（2）直升机开始着舰进场时的给定航行路线。

假如直升机开始进场时保持最大速度，则需考虑在此速度下的转弯半径。轨迹生成器产生在不同飞行速度下的最小转弯半径。若给出的转弯半径与飞行器实际的转弯半径越精确，那么最终轨迹越节能，越优化。

考虑到以上物理限制，根据无人直升机的起始位置，航路点生成可分为三种情况，如图 4.5 所示。点 AL1、AL2 与 AL3 为与舰船固连的航路点，这三点在舰体 F_{BS} 坐标系下的坐标 (x, y, z) 为

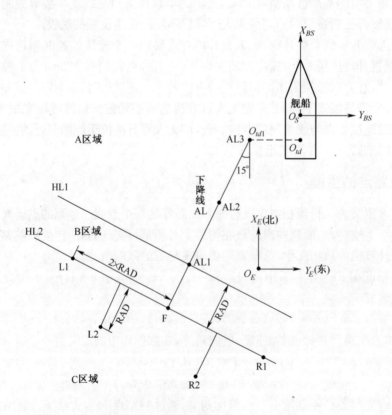

图 4.5　在 F_{BS} 坐系上航路点的生成

$$\begin{cases} AL1 = [-2222.4 \quad -595.5 \quad -122] \\ AL2 = [-1111.2 \quad -297.74 \quad -61] \\ AL3 = [-25 \quad -12.7 \quad -8.4] \end{cases}$$

这三点连成的直线为下降线 AL,下降线 AL 与 X 轴存在 15° 的进场角 r。HL1 过点 AL1 并与 AL 垂直,HL2 平行于 HL1。无人直升机在着舰的最后阶段必须首先进入 AL1 点,然后沿着点 AL1、AL2 与 AL3 构成的航线进场着舰。根据无人直升机的初始位置的不同,将无人直升机返航区域分成 A、B、C 三个区域。无人直升机位于不同的区域,生成航路点不同。

当无人直升机位于 A 区域时,航路点生成器除了生成已有下降航路线上的点以外增加了三个点。这三个航路点放在进场线的哪一边,取决于无人直升机的初始航向。当无人直升机航向在 r 到 $r+180°$ 之间时,取 R1、R2 和 F 这三个航路点;当无人直升机航向在 0 到 r 和 $r+180°$ 到 360° 之间时,取 L1、L2 和 F 这三个航路点。航路点 R1、R2 和 L1、L2 对于 AL 是对称的。

当无人直升机位于 B 区域时,此时航路点生成器会增加“RAD”这段距离,使辅助线 HL2 后移“RAD”距离。再与情况 A 一样设置三个辅助航路点时,可使这三个辅助航路点进一步远离直升机。这样就能使直升机总能到达下一个航路点。

当无人直升机位于 C 区域时,如图 4.5 所示,只增设一个航路点 F,且设置在下降线 AL 的延长线上,延长线的距离为“RAD”。当无人直升机起始位置与 HL2 太近时,航路点生成器会减小“RAD”这段距离,使直升机能经过航路点 F。此航路点 F 设置目的是为了使直升机具有正确的航线。

例1:在 F_{BS} 坐标系下,直升机的起始位置为(−3500m,−2000m,−500m),起始航向为 50°,最小转弯半径为 500m。此时直升机的起始位置位于 C 区域,生成的航路点如图 4.6 所示。图 4.6 中航路点 AL1,AL3 所连线段为进场线,航路点 1 为起点,航路点 AL3 为终点。航路点 1,2 所连线段的方向为起始航向。

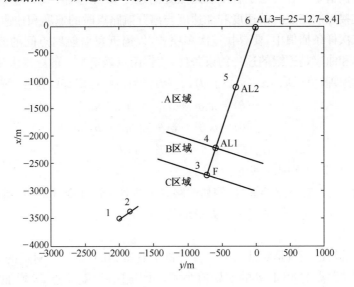

图 4.6　在 F_{BS} 坐标系中起始位置为(−3500m,−2000m,−500m)时生成的航路点

　　例 2：在 F_{BS} 坐标系下，直升机的起始位置为(-1000m，-1000m，-500m)，起始航向为 $110°$，最小转弯半径为 250m。此时直升机的起始位置位于 A 区域，生成的航路点如图 4.7 所示。图 4.7 中航路点 AL1，AL3 所连线段为进场线，航路点 1 为起点，航路点 AL3 为终点。航路点 1，2 所连线段的方向为起始航向。

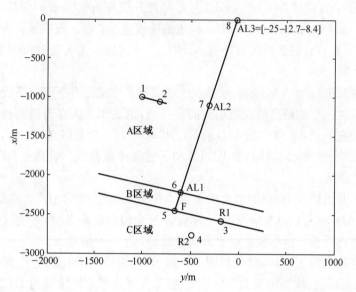

图 4.7　在 F_{BS} 坐标系中起始位置为(-1000m，-1000m，-500m)时生成的航路点

4.4.2　航路点的平滑

　　为了将航路点连成一条光滑的曲线，可采用插值函数。由于采用高阶多项式的插值往往会产生病态的结果，本书采用了三次样条插值。

　　三次样条插值是一种考虑了各个航路点处的速度和加速度不能产生跳变，它是一种无人直升机在接近航路点时的速度和加速度与离开航路点时的速度和加速度要相等的插值方法。在三次样条插值中，要寻找三次多项式，以逼近每对航路点间的曲线，再通过航路点处的斜率和曲率是连续的这一约束条件，使得两点确定唯一的三次多项式。

　　根据上述原理，可以取 $(x_d(\theta),y_d(\theta),z_d(\theta))$ 为飞机应跟踪的位置，则

$$\begin{cases} x_d(\theta)=a_3\theta^3+a_2\theta^2+a_1\theta+a_0 \\ y_d(\theta)=b_3\theta^3+b_2\theta^2+b_1\theta+b_0 \\ z_d(\theta)=c_3\theta^3+c_2\theta^2+c_1\theta+c_0 \end{cases} \tag{4.2}$$

式中：θ 是轨迹变量，如图 4.8 所示。

　　轨迹变量 θ 是指航路点的标号，例如航路点 2 即对应轨迹变量 $\theta=1$，航路点 n 即对应轨迹变量 $\theta=n-1$。因此轨迹变量是无量纲的，它的范围是 $[0\sim(n_{max}-1)]$，其中 n_{max} 为航路点的个数。

　　图 4.8 中的轨迹变量是对某型无人直升机仿真得到的，每个 θ 对应的时间是指无人直升机经过该航路点的时间。θ 的初始值为零，每经过一个航路点，θ 增加 1。因此由图 4.8 可知，图中的航路点数目为 6。且对每一个 θ，都有一组参数 $a_0\sim a_3$，$b_0\sim b_3$，$c_0\sim c_3$

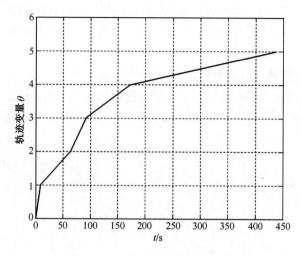

图 4.8 轨迹变量与时间 t 的关系

与之对应，即一个 θ 对应有 12 个参数。对式(4.2)进行求导，则可得

$$x_d'(\theta) = \frac{\mathrm{d}x_d(\theta)}{\mathrm{d}\theta} = 3a_3\theta^2 + 2a_2\theta + a_1$$

$$y_d'(\theta) = \frac{\mathrm{d}y_d(\theta)}{\mathrm{d}\theta} = 3b_3\theta^2 + 2b_2\theta + b_1 \qquad (4.3)$$

$$z_d'(\theta) = \frac{\mathrm{d}z_d(\theta)}{\mathrm{d}\theta} = 3c_3\theta^2 + 2c_2\theta + c_1$$

因为通过航路点 $(x_{k-1}, y_{k-1}, z_{k-1})$ 的轨迹必须满足

$$x_d(\theta_{k-1}) = x_{k-1}$$

$$x_d(\theta_k) = x_k$$

$$y_d(\theta_{k-1}) = y_{k-1}$$

$$y_d(\theta_k) = y_k \qquad (4.4)$$

$$z_d(\theta_{k-1}) = z_{k-1}$$

$$z_d(\theta_k) = z_k$$

式中：$k = 1, 2, \cdots, n$，再根据平滑度要求可得

$$\lim_{\theta \to \theta_k^-} x_d'(\theta_k) = \lim_{\theta \to \theta_k^+} x_d'(\theta_k)$$

$$\lim_{\theta \to \theta_k^-} y_d'(\theta_k) = \lim_{\theta \to \theta_k^+} y_d'(\theta_k)$$

$$\lim_{\theta \to \theta_k^-} z_d'(\theta_k) = \lim_{\theta \to \theta_k^+} z_d'(\theta_k)$$

$$\lim_{\theta \to \theta_k^-} x_d''(\theta_k) = \lim_{\theta \to \theta_k^+} x_d''(\theta_k) \qquad (4.5)$$

$$\lim_{\theta \to \theta_k^-} y_d''(\theta_k) = \lim_{\theta \to \theta_k^+} y_d''(\theta_k)$$

$$\lim_{\theta \to \theta_k^-} z_d''(\theta_k) = \lim_{\theta \to \theta_k^+} z_d''(\theta_k)$$

根据上述方程,对于 n 个航路点,即 θ 从 0 变化到 $(n-1)$,便有 $12(n-1)$ 个未知数,若只选择末点的速度或加速度,则可形成 $12(n-1)$ 个约束,联立求解便可求出所有的未知参数,获得 $3(n-1)$ 个三次多项式。

例 1:在 F_{BS} 坐标系下的起始位置为 $(-3500\mathrm{m},-2000\mathrm{m},-500\mathrm{m})$,起始航向为 $50°$,最小转弯半径取 500m。此时无人直升机起始位置位于区域 C,生成的航线如图 4.9 所示。图 4.9 中航路点 AL1,AL3 所连线段为进场线,航路点 1 为起点,航路点 6 为终点,航路点 1,2 所连方向为起始航向。

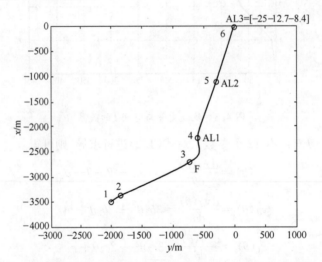

图 4.9   在 F_{BS} 坐标系中起始位置为 $(-3500\mathrm{m},-2000\mathrm{m},-500\mathrm{m})$ 时生成的基准轨迹

例 2:在 F_{BS} 坐标系下的起始位置为 $(-1000\mathrm{m},-1000\mathrm{m},-500\mathrm{m})$,起始航向为 $110°$,最小转弯半径取 250m。此时无人直升机起始位置位于区域 A,生成的航线如图 4.10 所示。图 4.10 中航路点 AL1,AL3 所连线段为进场线,航路点 1 为起点,航路点 8 为终点,航路点 1,2 所连方向为起始航向。

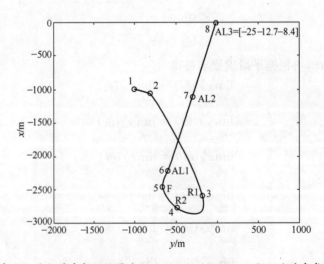

图 4.10   在 F_{BS} 坐标系中起始位置为 $(-1000\mathrm{m},-1000\mathrm{m},-500\mathrm{m})$ 时生成的基准轨迹

需要注意的是,利用航路点插值成的参考航线在第一段,即航路点 1,2 之间的航线会存在一些不协调,考虑到飞机在这一段飞行时,是处于准备接入进场制导的阶段,而航路点 1,2 所连线段的方向为起始航向,因此将航路点 1,2 之间的插值曲线用航路点 1,2 所连线段代替,飞机位于此段时处于接入进场制导的缓冲阶段。

4.5　基于视线法的无人直升机制导系统

为了实现无人直升机对基准轨迹的跟踪,必须实时地给出无人直升机的基准航向、基准速度及基准高度。本节将叙述采用视线引导法,以生成无人直升机的航向基准,它连同高度基准和事先计算好的速度基准,即可构成以时间为变量的轨迹基准,通过制导系统以实现对这三个基准信号的跟踪。

4.5.1　视线制导原理

图 4.11 为 3.1.1 节所述的在地面坐标系下的飞行基准轨迹 $\boldsymbol{R}_{a,td1}^{E}$。图中的视线矢量(LOS)定义为飞行器与下一个航路点或与航线上两个航路点之间一个点的连线。由视线可计算飞行器应跟踪的航迹基准角 χ_c。

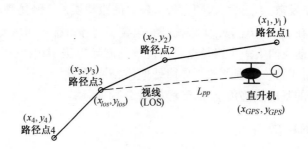

图 4.11　视线制导原理

在许多应用场合,视线 LOS 矢量是飞机机体坐标原点 (x_{GPS},y_{GPS}) 到下一个航路点 (x_{k+1},y_{k+1}) 的连线。但视线矢量指向下一个航路点的缺点是由于该航路点 (x_{k+1},y_{k+1}) 离飞机较远。当有风、气流或其他干扰因素作用时,将导致较大的航向跟踪误差。

因此采用将航线离散化的方法,即在生成的基准轨迹上,每两个航路点之间取 100 个点作为路径点。图 4.11 中无人直升机正位于路径点 1 附近,而无人直升机的视线指向距离直升机为 L_{pp} 的路径点 3,就把视线的方向定为飞行基准航向。再通过与飞机实际的航迹角比较,当有误差时通过协调转弯来控制航向,使飞机沿着基准视线决定的基准航向飞行。

根据此原理,基准的航迹角 χ_c 由下式获得

$$\chi_c(t) = \arctan\left(\frac{y_{los} - y_{GPS}}{x_{los} - x_{GPS}}\right) \tag{4.6}$$

式中:飞行器位置 (x_{GPS},y_{GPS}) 通常由卫星导航系统测出。

考虑到反正切函数 arctan 的值域是 $-\frac{\pi}{2} < \arctan\left(\frac{\Delta y}{\Delta x}\right) < \frac{\pi}{2}$,而 $\chi_c(t)$ 的值域应该

在 $-\pi \leqslant \chi_c(t) < \pi$，为了统一值域，根据 Δy 与 Δx 的正负号，需对式(4.6)进行修正。设

$$\Delta y = y_{los} - y_{GPS}, \quad \Delta x = x_{los} - x_{GPS}$$

$$\chi_c(t) = \begin{cases} \arctan\left(\dfrac{\Delta y}{\Delta x}\right) & ; \qquad \Delta x > 0 \\[2mm] \dfrac{\Delta y}{|\Delta y|} \cdot \dfrac{\pi}{2} & ; \qquad \Delta x = 0, \Delta y \neq 0 \\[2mm] 0 & ; \qquad \Delta x = 0, \Delta y = 0 \\[2mm] \arctan\left(\dfrac{\Delta y}{\Delta x}\right) - \pi & ; \qquad \Delta x < 0, \Delta y < 0 \\[2mm] -\pi & ; \qquad \Delta x < 0, \Delta y = 0 \\[2mm] \arctan\left(\dfrac{\Delta y}{\Delta x}\right) + \pi & ; \qquad \Delta x < 0, \Delta y > 0 \end{cases} \qquad (4.7)$$

式中：坐标 (x_{los}, y_{los}) 可由如下方式求得。将离散化的基准轨迹，即路径点 $n(x_n, y_n)$ 代入下式

$$L = \sqrt{(y_n - y_{GPS})^2 + (x_n - x_{GPS})^2} \qquad (4.8)$$

将 L 与 L_{pp} 进行比较，若 $L \cong L_{pp}$，则可得出 $x_{los} = x_n$，$y_{los} = y_n$。其中 L_{pp} 为常值。L_{pp} 的取值大小与飞机速度和跟踪精度的要求有关，L_{pp} 太小，则提前量不够，会导致飞机产生超调和震荡，甚至是发散。L_{pp} 太大，则会带来较大的跟踪误差。经仿真可选取 $L_{pp} = 50$。

视线制导方法在选取 (x_{los}, y_{los}) 时就已经蕴含了制导系统时间域的相位提前。相当于使无人直升机提前飞向下一个路径点。与传统的制导方法相比，它不需要计算轨迹制导误差，从而省去对飞行位置误差的制导律处理，故制导系统结构较为简单。

产生基于视线的基准航迹角 χ_c 的流程如图4.12所示。

4.5.2 路径点的切换

由于视线的方向与直升机当前所在的路径点息息相关，及时切换直升机目前所在的路径点是十分重要的。本文采用投影法切换路径点，如图4.13所示。直升机与路径点1的连线为线段 AB，线段 AB 在路径点1与路径点2之间的连线 BC 上的投影为线段 BD，线段 BD 的长度大于线段 BC，表明直升机已经在路径点2附近，则路径点 K 由1切换为2。这种切换方法可以持续更新直升机当前所在的路径点，即使直升机由于风扰动，导航误差或控制误差导致直升机偏离路径点较远，也可以继续沿着基准航线前进。

由图4.13可知，向量 $\overline{AB} = (x_{GPS} - x_1, y_{GPS} - y_1)$，向量 $\overline{CB} = (x_2 - x_1, y_2 - y_1)$，则

$$\overline{AB} \cdot \overline{CB} = |AB| \cdot |CB| \cdot \cos\theta = |DB| \cdot |CB| \qquad (4.9)$$

其中

$$\overline{AB} \cdot \overline{CB} = (x_{GPS} - x_1) \cdot (x_2 - x_1) + (y_{GPS} - y_1) \cdot (y_2 - y_1) \qquad (4.10)$$

CB 的长度 $|CB|$ 为

$$|CB| = \sqrt{(x_2 - x_1)^2 + (y_2 - y_1)^2} \qquad (4.11)$$

则 DB 的长度 $|DB|$ 为

$$|DB| = \frac{\overline{AB} \cdot \overline{CB}}{|CB|} = \frac{(x_{GPS} - x_1) \cdot (x_2 - x_1) + (y_{GPS} - y_1) \cdot (y_2 - y_1)}{\sqrt{(x_2 - x_1)^2 + (y_2 - y_1)^2}} \qquad (4.12)$$

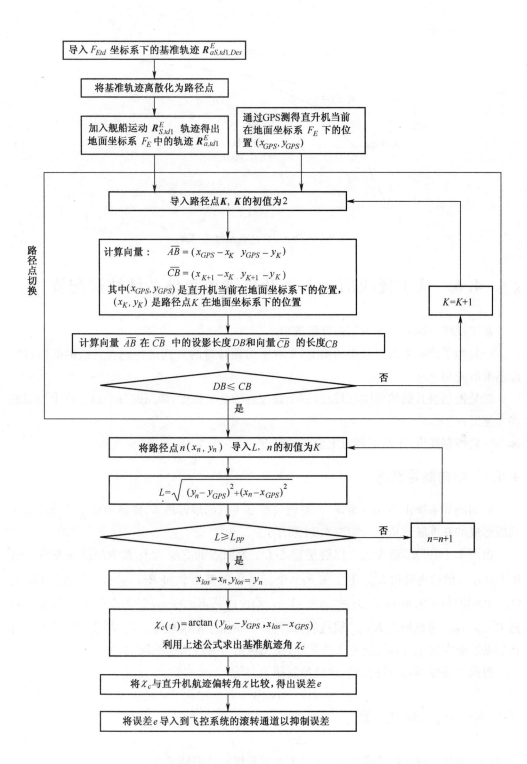

图 4.12　获得航迹基准角 χ_c 的流程

当 $|DB|>|CB|$，则路径点由 K 切换为 $K+1$。

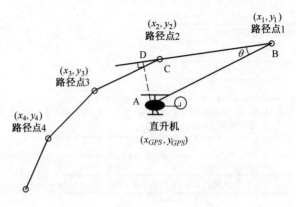

图 4.13 $R_{a,td1}^E$ 轨迹的路径点切换

4.6 基于视线的无人直升机进场制导系统结构配置

基于视线的制导系统由三部分组成：

一是为了消除无人直升机的侧滑，采取了协调转弯的方式来控制直升机的航向以跟踪基准航迹角 χ_c；

二是控制直升机的速度，以跟踪基于路径点的基准速度，即跟踪每个路径点上设置的参考速度；

三是控制高度，跟踪路径点上设置的高度。

4.6.1 航向制导系统

航向制导系统由两部分组成，一是通过控制飞机的滚转角 ϕ，使航迹角 χ 不断跟踪由视线形成的基准航迹角 χ_c，如图 4.14 所示。

由图 4.14 可知，首先建立以舰船重心 O_S 为原点的 F_{BS} 坐标系中的进场基准轨迹 $R_{aS,OS,Des}^{BS}$，然后再通过 L_{B0}^E 建立在 F_{ES} 坐标系中的基准轨迹 $R_{aS,OS,Des}^E$，再通过 O_S 与 O_{td1} 之间的斜矩矢量 $L_{OS \to td1} = [X_{TD}, Y_{TD}, Z_{TD}]^T$ 将 $R_{aS,OS,Des}^E$ 转为点 O_{td1} 上的基准轨迹 $R_{aS,td1,Des}^E$，考虑舰的 $R_{S,td1}^E$ 轨迹后，最终建立 $R_{a,td1}^E$ 基准轨迹。通过视线法，求出直升机的基准航向角 χ_c，通过航迹飞控系统，使飞机沿着视线指引的航向飞行。

根据上述原理，设计的滚转通道控制律为

$$\phi_c = (K_P + K_I/s + K_D s)\Delta\chi_c \tag{4.13}$$

式中：K_P、K_I、K_D 为常数。

$$\Delta\chi_c = \chi_c - \chi \tag{4.14}$$

式中：χ_c 为基于视线的基准航向；χ 为无人直升机航迹偏转角。

制导系统要求机头航向角 ψ 跟踪 χ_c。当出现侧滑角 β 时，即如图 4.15 所示那样，将通过对航向角速率 r 的控制，使飞机航向不断跟踪 χ_c，以达到无侧滑飞行目的。

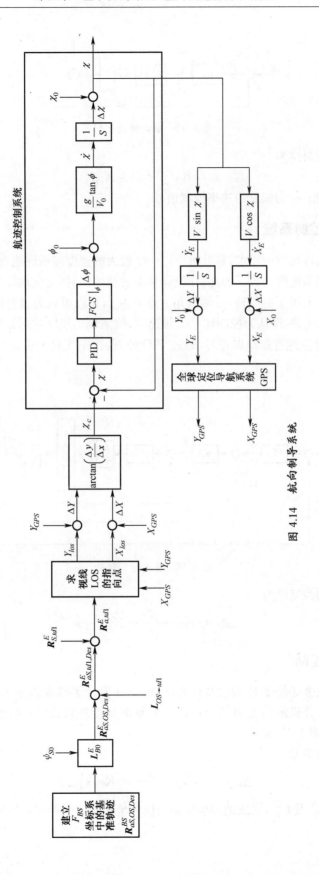

图 4.14 航向制导系统

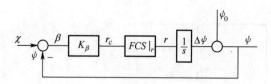

图 4.15　航向协调控制

偏航通道控制律为

$$r_c = K_\beta(\chi - \psi) = K_\beta\beta \tag{4.15}$$

式中：K_β 为常数；r_c 为偏航角速率控制信号。

4.6.2　速度控制系统

根据直升机进场时的要求，直升机应以一个较大的速度接近舰船，并在接近舰船途中慢慢减速至与舰船速度一致。为此，在设计基准航线的同时，对应地设计了每个路径点的速度基准。由于采用了协调转弯，侧滑角 β 近乎为 0，所以可认为直升机速度可以用机体 x 轴的速度 u 来代替，即认为控制住了 x 轴速度，就实现了速度控制。具体控制结构如图 4.16 所示。当产生速度跟踪误差时，通过 PID 处理，控制飞机的姿态以达到控制速度的目的。

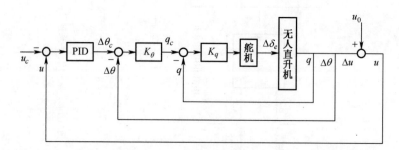

图 4.16　速度控制结构

速度控制的控制律为

$$\Delta\theta_c = \left(K_P + \frac{K_I}{s} + K_D s\right)\Delta u \tag{4.16}$$

4.6.3　高度控制

根据直升机进场的要求，高度应缓慢下降，由此设计了基准高度下降轨迹，在每个路径点都将无人直升机的高度和基于路径点的基准高度进行比较，通过 PID 控制消除误差，具体结构如图 4.17 所示。

高度的控制律为

$$\Delta w_{Ec} = \left(K_{PZ} + \frac{K_{IZ}}{s} + K_{DZ}s\right)\Delta z \tag{4.17}$$

图中引入 $\boldsymbol{L}_E^B$ 及 $\boldsymbol{L}_B^E$，完成地面坐标系与机体坐标系之间的相互转换。

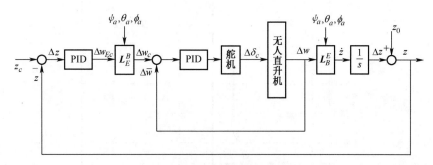

图 4.17 高度控制结构

4.7 无人直升机进场轨迹跟踪仿真验证

1. 仿真算例 1

设无人直升机在 F_E 坐标系下起始位置 (x, y, z) 为 $[-2500\text{m} \quad -1000\text{m} \quad -500\text{m}]$, 起始航向为 50°, 起始速度为 30m/s, 最小转弯半径取 500m, 舰船在 F_E 坐标系下的起始位置 (x, y, z) 为 $[1000\text{m} \quad 1000\text{m} \quad 0\text{m}]$, 船速 10m/s, 舰船航向朝正北。仿真结果如图 4.18～图 4.22 所示。

图 4.18 为在地面坐标系 F_E 中的无人直升机与舰船的运动轨迹。其中实线为舰船轨迹 $\boldsymbol{R}_S^E$, 虚线为无人直升机在地面坐标系 F_E 下的基准航线 $\boldsymbol{R}_{a,td1}^E$。虚线为无人直升机的真实飞行轨迹, 表明无人直升机在地面坐标系下满意地跟踪了基准轨迹, 并最终到达了船舶附近的固定点。图 4.19 为图 4.18 中无人直升机与舰船运动轨迹的末端局部放大。仿真表明无人直升机的最终航向平行于 X 轴, 即舰船的前进速度方向, 这是由于舰船在向前以 10m/s 的速度运动时, 虽然无人直升机以一个 15° 角度进场, 但最终在 F_E 坐标系中, 直升机速度能与舰船平行, 即直升机航向指向正北。

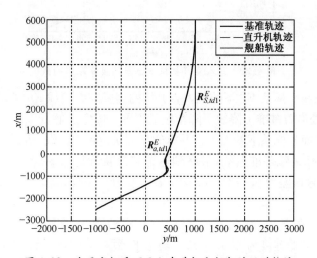

图 4.18 地面坐标系下无人直升机和舰船的运动轨迹

图 4.20 为无人直升机机体 x 轴速度 u 跟踪曲线。表明无人直升机具有优良的速度

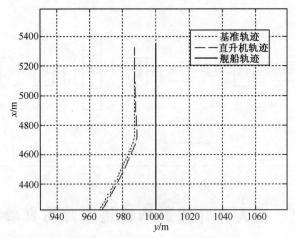

图 4.19　地面坐标系下无人直升机和舰船临近制导终点的轨迹

跟踪性能。为了尽快完成进场,无人直升机在到达航路点 AL1 之前,即 92s 之前,速度基本不变,经过航路点 AL1 后开始缓慢减速,在航路点 AL3 附近时无人直升机速度降至 10m/s 附近,即与船速保持一致。最终速度跟踪误差几乎为 0。

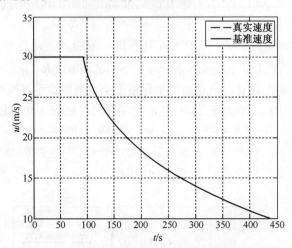

图 4.20　无人直升机机体 x 轴速度 u 跟踪曲线

　　图 4.21 为地面坐标系 F_E 下的无人直升机的高度跟踪曲线,仿真表明无人直升机从舰船上空 500m 处沿着基准下降线下降至舰船周围一固定点上。

　　图 4.22 为地面坐标系下的无人直升机的三维轨迹跟踪曲线,仿真表明无人直升机能在三维空间内很好跟踪基准航线,最终到达了基准轨迹终点 AL3。且 x 轴位置误差为 0.2412m, y 轴位置误差为 0.4781m, z 轴位置误差为 0.1668m。

　　2. 仿真算例 2

　　设无人直升机在 F_E 坐标系下起始位置 (x,y,z) 为 $[-500\text{m}\ \ -500\text{m}\ \ -500\text{m}]$, 起始航向为 110°,起始速度为 30m/s,最小转弯半径取 500m,舰船在 F_E 坐标系下的起始位置 (x,y,z) 为 $[500\text{m}\ \ 500\text{m}\ \ 0\text{m}]$,船速 10m/s,舰船航向朝正北。仿真结果如图 4.23～图 4.27 所示。

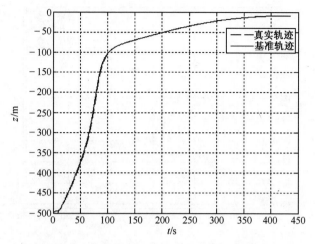

图 4.21　地面坐标系下的无人直升机高度跟踪

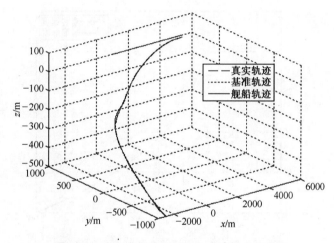

图 4.22　地面坐标系下的无人直升机三维跟踪

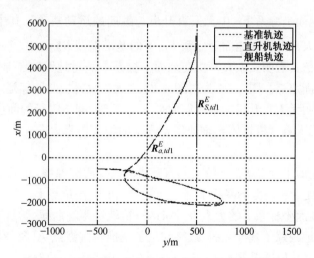

图 4.23　地面坐标系下无人直升机与舰船运动轨迹

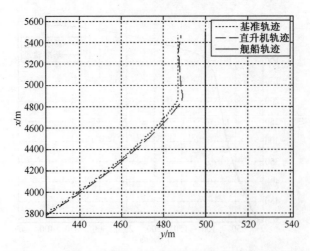

图 4.24　地面坐标系下无人直升机与舰船临近制导终点的轨迹

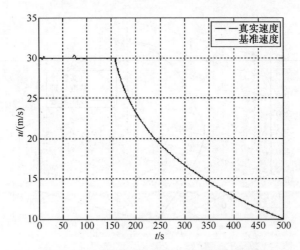

图 4.25　无人直升机机体 x 轴速度 u 跟踪

　　图 4.23 为地面坐标系 F_E 中无人直升机与舰船的运动轨迹。其中实线为舰船轨迹 $\boldsymbol{R}_S^E$，点虚线为无人直升机在地面坐标系 F_E 下的基准航线 $\boldsymbol{R}_{a,td1}^E$。虚线为无人直升机的真实飞行轨迹。仿真表明无人直升机在地面坐标系下满意地跟踪了基准轨迹，并最终到达了船舶附近的固定点。图 4.24 为对图 4.23 中无人直升机与舰船运动轨迹在末端的局部放大。仿真表明无人直升机的最终航向平行于 X 轴，即与舰船的前进速度方向一致。

　　图 4.25 为无人直升机机体 x 轴速度 u 跟踪曲线。仿真表明无人直升机有精确的速度跟踪性能。

　　图 4.26 为地面坐标系 F_E 下的无人直升机的高度跟踪曲线，仿真表明无人直升机从舰船上空 500m 处沿着基准下降线下降至舰船周围的一固定点上。

　　图 4.27 为地面坐标系下的无人直升机的三维轨迹跟踪曲线，仿真表明无人直升机在三维空间内精确地跟踪了基准航线，最终到达了基准轨迹终点 AL3。仿真表明 x 轴位置误差为 0.577m，y 轴位置误差为 1.468m，z 轴位置误差为 0.243m。

　　上述仿真结果表明，通过基准轨迹的航路点设计，采用三次样条插值对航路进行平滑处理,运用视线法生成制导律,对无人直升机的进场返航进行制导是有实用意义的。

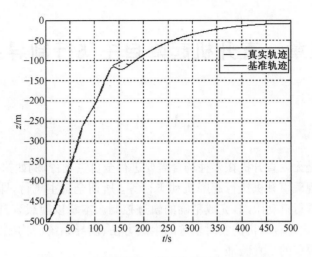

图 4.26　地面坐标系下的无人直升机高度跟踪

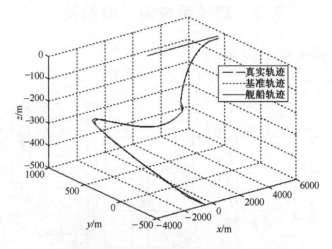

图 4.27　地面坐标系下的无人直升机三维跟踪

第五章 直升机起降自主飞行制导系统

5.1 引言

直升机特别是无人直升机在多种场合需要进行全自主飞行,例如执行地面侦察、贴地飞行、编队飞行、舰载直升机执行起降机动飞行等。所谓全自主飞行,即由制导系统对已生成的预定轨迹进行自动跟踪,完成精确的轨迹控制。本章以舰载直升机自主完成起飞与降落机动为例,论述直升机的实时轨迹的生成方法、制导系统的构成、制导规律设计及自主飞行的轨迹跟踪的仿真验证。

5.2 制导系统的一般结构

制导系统一般结构如图 5.1 所示。

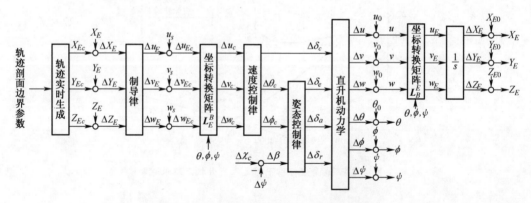

图 5.1 轨迹实时生成的制导系统一般结构

首先根据飞行任务需求,在地面坐标系中设计一条预定的随时间变化的理想飞行轨迹,$X_{Ec}(t)$,$Y_{Ec}(t)$,$Z_{Ec}(t)$,这一任务由实时轨迹生成器完成。由制导系统将实际飞行轨迹 $X_E(t)$,$Y_E(t)$,$Z_E(t)$ 与预定飞行轨迹进行比较,形成制导误差 ΔX_E,ΔY_E,ΔZ_E,经制导律处理,再由坐标转换矩阵 $\boldsymbol{L}_E^B$ 将地面坐标系中形成的制导误差转变为机体坐标系中的三轴速度控制信号 Δu_c,Δv_c,Δw_c,然后由它去进行速度控制,不断地修正直升机的运动轨迹,以达到跟踪预定轨迹的目的。应该注意的是,在轨迹控制时,应该具有航向协调性能,如图 5.1 所示,使机头偏转 $\Delta\psi$ 跟踪速度矢量变化 $\Delta\chi$,从而实现无侧滑飞行($\Delta\beta=0$)。为了在地面坐标系中构成反馈回路,仍需将机体坐标系中的运动参量通过坐标逆变换 $\boldsymbol{L}_B^E$ 转换为地面坐标系中的运动参量。图中

$$\begin{bmatrix} \Delta u_c \\ \Delta v_c \\ \Delta w_c \end{bmatrix} = \boldsymbol{L}_E^B \begin{bmatrix} \Delta u_{Ec} \\ \Delta v_{Ec} \\ \Delta w_{Ec} \end{bmatrix} \tag{5.1}$$

式中

$$\boldsymbol{L}_E^B = \begin{bmatrix} \cos\theta\cos\psi & \cos\theta\sin\psi & -\sin\theta \\ \sin\theta\sin\phi\cos\psi - \cos\phi\sin\psi & \sin\theta\sin\phi\sin\psi + \cos\phi\cos\psi & \sin\phi\cos\theta \\ \sin\theta\cos\phi\cos\psi + \sin\phi\sin\psi & \sin\theta\cos\phi\sin\psi - \sin\phi\cos\psi & \cos\phi\cos\theta \end{bmatrix}$$

图中

$$\begin{bmatrix} u_E \\ v_E \\ w_E \end{bmatrix} = \boldsymbol{L}_B^E \begin{bmatrix} u \\ v \\ w \end{bmatrix} \tag{5.2}$$

式中

$$\boldsymbol{L}_B^E = (\boldsymbol{L}_E^B)^{-1}$$

制导律一般为 PID 形式,以提高轨迹跟踪的精确度,因此可写成

$$\Delta u_E = \Delta X_E \left(K_X + K_{XD}s + \frac{K_{XI}}{s} \right)$$

$$\Delta v_E = \Delta Y_E \left(K_Y + K_{YD}s + \frac{K_{YI}}{s} \right) \tag{5.3}$$

$$\Delta w_E = \Delta Z_E \left(K_Z + K_{ZD}s + \frac{K_{ZI}}{s} \right)$$

由于直升机着落在运动着的舰船上,因此进入制导系统的速度控制量 $\begin{bmatrix} \Delta u_{Ec} & \Delta v_{Ec} & \Delta w_{Ec} \end{bmatrix}^{\mathrm{T}}$ 应是直升机相对于舰船的相对速度,故

$$\begin{bmatrix} \Delta u_{Ec} \\ \Delta v_{Ec} \\ \Delta w_{Ec} \end{bmatrix} = \begin{bmatrix} \Delta u_E \\ \Delta v_E \\ \Delta w_E \end{bmatrix} + \begin{bmatrix} u_s \\ v_s \\ w_s \end{bmatrix} \tag{5.4}$$

式中:u_s, v_s, w_s 分别为舰船在地面坐标系中三轴运动速度。

5.3 直升机舰上起飞过程及轨迹生成

试验证明,直升机舰上起飞比舰上降落难度低。起飞时主要问题是升空离开甲板后应迅速避开甲板紊流流场的影响,而这点较容易实现。

一种典型起飞过程如下:在发动机开启,旋翼达到规定转速后,驾驶员选择舰运动的平息期,松开甲板固定装置,迅速提总距,操纵直升机升空稳定悬停,与船行驶速度同步,此时应保证直升机的起落架仍位于甲板的上空。如果需要,蹬脚蹬,使机头偏离舰船航向至迎风的方向,然后驾驶员通过提总距,选择爬升功率建立向上的爬升率,转向前飞。当达到预定的高度与空速后,即完成起飞过程。

直升机亦可设置预定的起飞轨迹剖面,通过制导系统进行自主起飞。起飞过程在地面坐标系 $OX_E Z_E$ 平面中的轨迹如图 5.2 所示。X_E 轴设置在海平面上,且与舰船行驶方

向一致。Z_E 轴设置在起飞平台的中间位置,与 X_E 轴垂直。

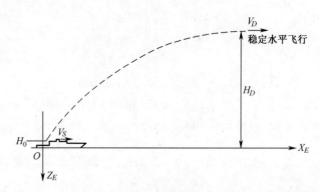

图 5.2　舰上起飞过程

图中 H_0 为起始高度,H_D 为设置的最终水平飞行高度,V_S 为舰恒定速度,V_D 为要求的最终爬高后预设飞行速度。假设整个起飞过程仅在 OX_EZ_E 平面内进行,起飞过程分如下三个阶段。

(1) 开始阶段($t_0 \rightarrow t_1$)——从甲板开始,垂直方向加速到要求的爬升率,水平方向加速至要求的水平加速度。

(2) 稳定上升阶段($t_1 \rightarrow t_2$)——保持恒定的爬升率及恒定的水平加速度。

(3) 终段($t_2 \rightarrow t_3$)——将爬升率降为零,将水平加速度降到零,最后飞机保持在要求的高度作稳定水平飞行。

在舰上起飞与着舰运动轨迹生成应注意以下三点:一是应使每个阶段的轨迹随时间平滑过渡,但加速度大小及时间是未知的;二是机动过程的速度与位置可通过积分获得;三是运动方程可通过初始及最终设置条件及任务要求(如爬升率、高度)等决定。

5.3.1　起飞时 Z_E 轴的轨迹生成

沿 Z_E 轴的加速度设定为

$$a_z = \begin{cases} \dfrac{1}{2}a_{z1}\left[1 - \cos(t-t_0)\dfrac{2\pi}{\Delta t_1}\right] & t_0 \leqslant t \leqslant t_1 \\ 0 & t_1 \leqslant t \leqslant t_2 \\ \dfrac{1}{2}a_{z3}\left[1 + \cos(t-t_2)\dfrac{2\pi}{\Delta t_3}\right] & t_2 \leqslant t \leqslant t_3 \end{cases} \tag{5.5}$$

式中:$\Delta t_1 = t_1 - t_0$,$\Delta t_3 = t_3 - t_2$ 这样沿 Z_E 轴的速度及位置可通过对时间段 $t_0 \leqslant t \leqslant t_3$ 的积分获得。

在第二阶段,直升机以恒定的垂直速度爬升

$$v_z = \frac{1}{2}a_{z1}\Delta t_1 \qquad (t_1 < t_2) \tag{5.6}$$

将要求的爬升率 V_c 代入上式,则可决定第一阶段的垂直加速度:

$$\frac{1}{2}a_{z1}\Delta t_1 = -V_c \tag{5.7}$$

或

$$a_{z1} = -\frac{2V_c}{\Delta t_1} \qquad (5.8)$$

起飞的最后阶段,由于垂直速度减少到零,因此

$$v_z = \frac{1}{2}(a_{z1}\Delta t_1 + a_{z3}\Delta t_3) = 0 \qquad (t = t_3) \qquad (5.9)$$

从而

$$a_{z3} = \frac{2V_c}{\Delta t_3} \qquad (5.10)$$

由于直升机的初始出发高度为 H_0,即

$$z = -H_0 \qquad (t = t_0) \qquad (5.11)$$

因此,终止点 $t = t_3$ 时的垂直位置可通过对式(5.9)进行从 $t_0 \to t_3$ 的定积分获得:

$$z_E = -H_0 + \frac{1}{4}a_{z1}\Delta t_1^2 + \frac{1}{2}a_{z1}\Delta t_1(\Delta t_2 + \Delta t_3) + \frac{1}{4}a_{z3}\Delta t_3^2$$
$$= -H_D \qquad (t = t_3) \qquad (5.12)$$

式中: H_D 为稳定水平飞行时的要求高度。

第一阶段及第三阶段的时间间隔为

$$\Delta t_1 = c_1\Delta t \qquad (5.13)$$

及

$$\Delta t_3 = c_3\Delta t \qquad (5.14)$$

式中: Δt 为整个起飞段的时间间隔, c_1 及 c_2 应大于 0 小于 0.5,以决定整个轨迹过渡的快慢。由此可决定恒定爬升段的时间间隔

$$\Delta t_2 = \Delta t - \Delta t_1 - \Delta t_3$$
$$= (1 - c_1 - c_3)\Delta t \qquad (5.15)$$

式中: Δt 为整个起飞段的时间间隔,且可通过将式(5.13)、式(5.14)、式(5.15)代入式(5.12)获得。

$$\Delta t = \frac{2\Delta H}{(2 - c_1 - c_3)V_c} \qquad (5.16)$$

式中: $\Delta H = H_D - H_0$,为整个起飞段的高度增量。

当 $H_0 = 22\text{m}, V_s = 10\text{kn}, V_c = 2.5\text{m/s}, H_D = 122\text{m}, V_D = 80\text{kn}, c_1 = c_3 = 0.25$ 时,首先由式(5.16)可计算出积分时间 $\Delta t = 52\text{s}$,接着由式(5.3)及对该式从 t_1 至 t_3 的定积分,最终可获得如图 5.3 所示的飞行轨迹剖面。制导系统需对生成的 $Z_E(t)$ 轨迹进行实时跟踪。

5.3.2　起飞时 X_E 轴的轨迹生成

在 X_E 轴的加速度设定为

$$a_x = \begin{cases} \frac{1}{2}a_{x2}\left\{1 - \cos\left[(t - t_0)\frac{\pi}{\Delta t_1}\right]\right\} & t_0 \leqslant t \leqslant t_1 \\ a_{x2} & t_1 \leqslant t \leqslant t_2 \\ \frac{1}{2}a_{x2}\left\{1 + \cos\left[(t - t_2)\frac{\pi}{\Delta t_3}\right]\right\} & t_2 < t \leqslant t_3 \end{cases} \qquad (5.17)$$

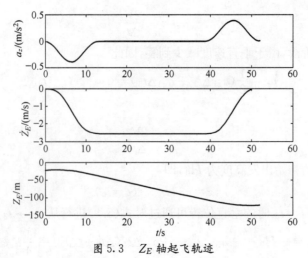

图 5.3 Z_E 轴起飞轨迹

对上式在时间段 $t_0 \leqslant t \leqslant t_3$ 进行积分，则可得水平速度及位置。直升机的初始速度，即 $t = t_0$ 时，

$$v_x = V_S \tag{5.18}$$

起飞结束后，即 $t = t_3$ 时，直升机将获得设定的水平飞行速度 V_D

$$v_x = V_S + \frac{1}{2} a_{x2} \Delta t_1 + a_{x2} \Delta t_2 + \frac{1}{2} a_{x3} \Delta t_3 = V_D \tag{5.19}$$

由上式可获得第二阶段的水平加速度

$$a_{x2} = \frac{2\Delta V}{(2 - c_1 - c_2)\Delta t} \tag{5.20}$$

式中：$\Delta V = V_D - V_S$，是水平轴上的整个飞行阶段飞行速度的增量。

由式(5.17)和式(5.19)并对式(5.19)所表达的 v_x 进行积分则可获得如图 5.4 所示的起飞 X_E 轴的轨迹剖面，制导系统将对其中 $X_E(t)$ 轨迹剖面进行跟踪。

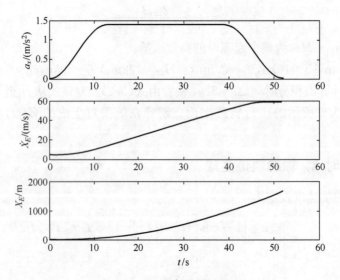

图 5.4 X_E 轴起飞轨迹剖面

5.4　直升机着舰过程及轨迹生成

直升机在运动着的舰船上着舰比在陆地上着舰困难得多。这是因为需面临如下恶劣的着舰环境。

（1）由于飞行甲板尺寸限制,要求直升机精确地降落在预定的着舰点,其偏差不大于1.5m(英国海军规范),以保证桨叶不会打到机库,起落架不落在船舷之外,以防止严重飞行事故的发生。但精确着舰受到风浪、舰的甲板运动、大气紊流等因素的干扰。

（2）舰的甲板运动,包括舰的纵摇、横摇、偏摆、沉浮运动。由于着舰时舰船的六自由度运动,使驾驶员难以判断下降率及着舰位置,易造成直升机单侧粗暴着舰,撞击速度过大,或与甲板上层建筑相撞。

（3）着舰甲板区受到大气紊流,不稳定的相对风速等影响,从而造成直升机空气动力不稳定,增加了人工着舰的难度。

为了减轻驾驶员着舰的工作负担,实现安全着舰,应开发全自主飞行的着舰制导系统。本节将讲述返航着舰及最后降落段的轨迹生成,及由此构成的自动着舰制导系统。与一般固定翼舰载机着舰一样,采用甲板运动补偿及抑制大气紊流扰动等技术可明显地改善着舰精度,并提高着舰安全性能。

5.4.1　返航进场阶段轨迹生成

直升机着舰可分为两个阶段:第一阶段为直升机返航进场阶段,直升机从远离舰船的一点飞行到靠近舰船一侧位置,在一定高度上与舰船保持相对静止;第二阶段是降落阶段,直升机在保持与舰船同向同速飞行的同时,横向移动到降落台的上方并快速着舰。

直升机返航时从远离舰船的一点,在地面坐标系的垂直平面 OX_EZ_E 内沿着恒定的下滑线进行减速下降,如图 5.5 所示。设定的边界条件为:起始飞行速度 V_0,初始高度 H_0,离舰船的初始距离 ΔX_0,舰船速度 V_S,返航的最终高度 H_D。

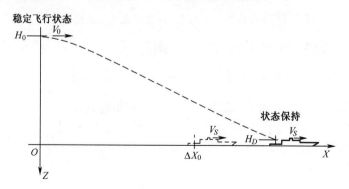

图 5.5　返航在垂直平面内的轨迹

返航进场阶段的轨迹生成分三个阶段。

（1）初始阶段:直升机初始状态为在一定高度上作水平匀速飞行,返航开始,在 Z_E 轴上以一定的加速度下降,X_E 轴方向开始减速,以逐步达到设定的恒定水平加速度。

（2）稳定下滑阶段：在 Z_E 轴保持恒定的负加速度下滑，在 X_E 轴保持恒定的加速度减速。

（3）终止阶段：X_E 轴和 Z_E 轴方向的加速度为零，Z_E 轴方向速度为零，直升机在固定的高度，与舰船相同的速度与航向飞行。

三个阶段的结束时刻分别为 t_1，t_2 和 t_3。每个阶段的时间区间为：初始阶段 $\Delta t_1 = t_1 - t_0$；稳定下滑阶段 $\Delta t_2 = t_2 - t_1$；终止阶段 $\Delta t_3 = t_3 - t_2$。返航进场所用时间为 Δt。

1. X_E 轴方向返航进场轨迹

沿 X_E 轴方向加速度设定为

$$a_x = \begin{cases} \dfrac{1}{2} a_{x2} \left\{ 1 - \cos\left[(t - t_0) \dfrac{\pi}{\Delta t_1} \right] \right\} & t_0 \leqslant t \leqslant t_1 \\ a_{x2} & t_1 \leqslant t \leqslant t_2 \\ \dfrac{1}{2} a_{x2} \left\{ 1 + \cos\left[(t - t_2) \dfrac{\pi}{\Delta t_3} \right] \right\} & t_2 < t \leqslant t_3 \end{cases} \tag{5.21}$$

为了获得 X_E 轴方向的速度 $\dot{X}_E(t)$ 和位移 $X_E(t)$，可通过在时间段 $t_0 < t \leqslant t_3$ 对式（5.21）进行积分获得。与式（5.21）对应的 $a_x(t)$ 如图 5.6 所示。

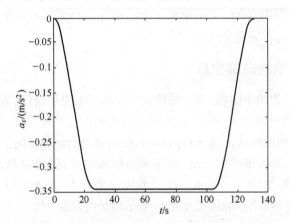

图 5.6　在某边界条件下 X_E 轴进场返航加速度 $a_x(t)$

为了对式（5.21）进行数值积分，应从下式求得 a_{x2}

$$V_S = V_0 + \frac{1}{2} a_{x2} \Delta t_1 + a_{x2} \Delta t_2 + \frac{1}{2} a_{x2} \Delta t_3 \tag{5.22}$$

式中：V_S 为轨迹终止时的速度，即舰船速度；V_0 为初始速度。

式（5.22）的成立是基于如下假设，即如图 5.7 所示的上下两块阴影线面积相等。

由式（5.22），并假设 $\Delta t_1 = \Delta t_3 = c_t \Delta t$，式中，$c_t$ 为时间因子，且 $0 < c_t < 0.5$，即得

$$a_{x2} = \frac{\Delta V}{(1 - c_t)\Delta t} \tag{5.23}$$

式中：$\Delta V = V_S - V_0$；$X_E(t)$ 在 $t = t_3$ 时的值为 $X_E(t_3)$

$$\begin{aligned} X_E(t_3) &= \int_{t_0}^{t_1} \frac{1}{2} a_{x2} \Delta t_1 \, \mathrm{d}t + \int_{t_1}^{t_2} a_{x2} \Delta t_2 \, \mathrm{d}t + \int_{t_2}^{t_3} \frac{1}{2} a_{x2} \Delta t_3 \, \mathrm{d}t + V_0 \int_{t_0}^{t_3} \mathrm{d}t \\ &= \frac{1}{2} a_{x2} \Delta t_1^2 + a_{x2} \Delta t_2^2 + \frac{1}{2} a_{x2} \Delta t_3^2 + V_0 \Delta t \end{aligned} \tag{5.24}$$

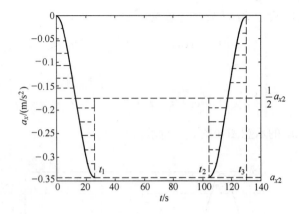

图 5.7　求 a_{x2} 的示意图

由图 5.5 可知，

$X_E(t_3) = \Delta X_0 + V_s \Delta t$，因此由式(5.24)可得

$$\Delta X_0 + \Delta t(V_s - V_0) = \frac{1}{2}a_{x_2}\Delta t_1^2 + a_{x_2}\Delta t_2^2 + \frac{1}{2}a_{x_2}\Delta t_3^2 \tag{5.25}$$

由于已设　　$\Delta t_1 = \Delta t_3 = c_t\Delta t$，$\Delta t_2 = (1-2c_t)\Delta t$，故上式可写为

$$\Delta X_0 + \Delta t(V_s - V_0) = a_{x_2}[c_t^2\Delta t^2 + (1-2c_t)^2\Delta t^2] \tag{5.26}$$

将式(5.23)代入上式，则可得

$$\Delta X_0 + \Delta t\Delta V = \Delta V\Delta t[c_t^2 + (1-2c_t)^2] \tag{5.27}$$

由上式则最终得

$$\Delta t = \frac{\Delta X_0}{\Delta V}\frac{1-c_t}{5c_t^2 - 3c_t} \tag{5.28}$$

当设定的下降返航轨迹的初始速度 $V_0 = 41\text{m/s}$，舰船速度 $V_S = 5\text{m/s}$，降落开始点离舰在 X_E 方向初始距离为 $\Delta X_0 = 2350\text{m}$，并设 $c_t = 0.2$，则可由式(5.28)计算得到 $\Delta t = 130\text{s}$，并可获得图 5.8 所示的 X_E 轴的速度 $\dot{X}_E(t)$ 和位移 $X_E(t)$ 曲线，制导系统将对 $X_E(t)$ 轨迹进行跟踪。

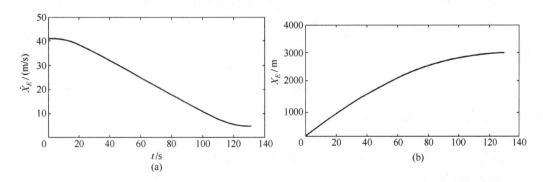

图 5.8　X_E 轴速度与位移曲线

2. Z_E 轴方向返航轨迹

为轨迹平滑过渡,设定 Z_E 下降加速度为

$$a_z = \begin{cases} \dfrac{1}{2} a_{z1} \left[1 - \cos(t - t_0) \dfrac{2\pi}{\Delta t_1} \right] & t_0 \leqslant t \leqslant t_1 \\ 0 & t_1 \leqslant t \leqslant t_2 \\ \dfrac{1}{2} a_{z3} \left[1 - \cos(t - t_2) \dfrac{2\pi}{\Delta t_3} \right] & t_2 \leqslant t \leqslant t_3 \end{cases} \quad (5.29)$$

与上式对应的 a_z 的示意图如图 5.9 所示。

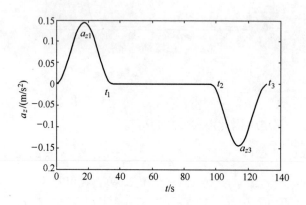

图 5.9 a_z 示图

由图 5.9 可知,进入第二阶段,即进入恒定下降速率时的速度为

$$v_z = \frac{1}{2} a_{z1} \Delta t_1 \qquad (t_1 \leqslant t < t_2) \quad (5.30)$$

若设恒定下降速度为 V_D ,则由上式可得

$$\frac{1}{2} a_{z1} \Delta t_1 = V_D \quad (5.31)$$

由此可求得 a_{z1} ,

$$a_{z1} = \frac{2V_D}{\Delta t_1} \quad (5.32)$$

当第三阶段终止时,即 $t = t_3$ 时,沿 Z_E 轴速度需要减小至 0,即

$$v_z = V_D + \frac{1}{2} a_{z3} \Delta t_3 = 0 \quad (5.33)$$

因此,

$$a_{z3} = -\frac{2V_D}{\Delta t_3} \quad (5.34)$$

由于设定 $\Delta t_1 = \Delta t_3 = c_t \Delta t$,所以由式(5.32)及式(5.34)可知

$$a_{z1} = -a_{z3} \quad (5.35)$$

由图 5.5 可知,在 Δt_1 时间段与 Δt_3 时间段的加速度相互抵消,所以 Z_E 轴在整个 Δt 时间段内的位移 Z_{E,t_3} 为

$$Z_{E,t_3} = \int_{t_1}^{t_3} \frac{1}{2} a_{z_1} \Delta t_1 \mathrm{d}t = \frac{1}{2} a_{z_1} \Delta t_1 (\Delta t_2 + \Delta t_3) \quad (5.36)$$

由于 $Z_{E,t_3} = \Delta H$，并将式(5.32)代入上式,则可得

$$V_D(1-c_t)\Delta t = \Delta H \tag{5.37}$$

因此可得 Z_E 轴的 c_t

$$c_t = \left(1 - \frac{\Delta H}{V_D \Delta t}\right) \tag{5.38}$$

式中: V_D 为设定的恒定下滑速度; Δt 值应与 X_E 轴的 Δt 相一致。

当下降返航轨迹初始高度 $H_0 = 250\text{m}$，返航结束时高度 $H_D = 10\text{m}$，设定的恒定下滑速度 V_D 为 2.5m/s,又已知 $\Delta t = 130\text{s}$ 时,则得 $c_t = 0.25$。

图 5.10 为上述边界初始条件下,并设 $V_D = 2.5\text{m/s}$ 时的 $\dot{Z}_E(t)$ 和 $Z_E(t)$ 曲线。

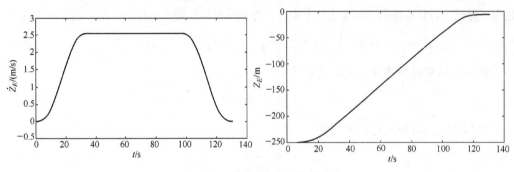

图 5.10　Z_E 轴速度与位移曲线

5.4.2　降落段轨迹设计

直升机进场至舰的左舷或者右舷进行跟进悬停后,接着要按照第二阶段即降落阶段轨迹进行着舰。即横向移动到着舰点上方进行跟进悬停,然后下降着舰。这一阶段轨迹分为横向移动和下降着舰两部分。图 5.11 为该阶段直升机着舰几何剖面图。直升机速度为舰船速度 V_S，距离着舰点横向位移(沿 Y_E 轴)为 s，距离着舰台的垂直高度(沿 Z_E 轴)为 h。

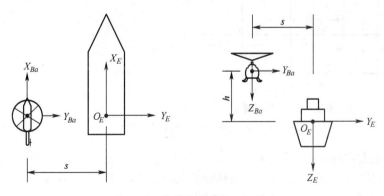

图 5.11　降落阶段着舰几何剖面

1. 横向移动轨迹设计

如图 5.12 所示,设定整个横向移动所用时间为 t_1，直升机横向移动初始速度(沿 Y_E

轴)为零,直升机在移动过程中首先横向加速,在 $t = \frac{1}{2}t_1$ 时速度达到最大值 $\dot{y}_{\max}$,然后开始减速,在到达着舰台正上方时,即 $t = t_1$ 时,速度减为 0 。至此横向移动结束,直升机开始在着舰台上方跟进悬停,准备下降着舰。

由上所述,运动的边界条件设置为

$$t = 0 , \quad \dot{y}_E(t) = 0 , \quad \ddot{y}_E(t) = 0 , \quad \dddot{y}_E(t) = 0 \tag{5.39}$$

$$t = \frac{1}{2}t_1 , \quad \dot{y}_E(t) = \dot{y}_{\max} \tag{5.40}$$

$$t = t_1 , \quad \dot{y}_E(t) = 0 , \quad \ddot{y}_E(t) = 0 , \quad \dddot{y}_E(t) = 0 \tag{5.41}$$

该边界条件中, $t = 0$, $t = t_1$ 处加速度为零是为了保证直升机的稳定,而三阶导数为零则是为了保证飞行轨迹能够达到要求的平滑性。能够满足这些边界条件的最简单的多项式为

$$\dot{y}_E(t) = \left[-64 \left(\frac{t}{t_1}\right)^6 + 192 \left(\frac{t}{t_1}\right)^5 - 192 \left(\frac{t}{t_1}\right)^4 + 64 \left(\frac{t}{t_1}\right)^3 \right] \dot{y}_{\max} \tag{5.42}$$

横向位移和横向速度之间的关系为

$$\int_0^{t_1} \dot{y}_E(t) \mathrm{d}t = s \tag{5.43}$$

根据式(5.42)和式(5.43)可得

$$t_1 = \frac{50s}{23\dot{y}_{\max}} \tag{5.44}$$

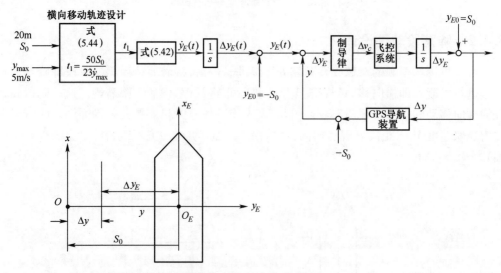

图 5.12　横向移动轨迹设计结构

根据事先设定的横向位移 s 和横向最大速度 $\dot{y}_{\max}$,由式(5.44)可计算出横向移动所需的时间 t_1 ,从而由式(5.42)形成横向移动的飞行轨迹,如图 5.13 所示。

2. 跟进悬停

当直升机飞行到着舰台上方时,需要花费时间 t_S 进行调整,使直升机前向飞行速度等于舰航行速度,并使横向、垂向飞行速度为零。这虽然只需要几秒钟时间,但这是不可缺少的。因此有如下边界条件

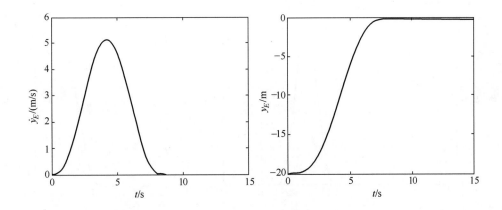

图 5.13　横向移动飞行剖面

$$\dot{x}_E(t) = V_S \qquad \dot{y}_E(t) = 0 \qquad \dot{z}_E(t) = 0 \tag{5.45}$$

3. 下降轨迹设计

当直升机经过跟进悬停的稳定调整，开始加速下降。整个下降过程所用时间为 t_d，与横向移动相似，下降过程采用先加速再减速的方式，在 $t = 1/2t_d$ 时达到最大下降速度 $\dot{z}_{\max}$，然后开始减速，快要接触降落平台时速度减为零，开始跟踪舰船降落台的运动，然后伺机快速着舰。

由上所述，垂直下降的边界条件与横向移动是相似的。

当 $t = 0$ 时，　$\dot{z}_E(t) = 0, \ddot{z}_E(t) = 0, \dddot{z}_E(t) = 0$ \hfill (5.46)

当 $t = \dfrac{1}{2}t_d$ 时，$\dot{z}_E(t) = \dot{z}_{\max}$ \hfill (5.47)

当 $t = t_d$ 时，　$\dot{z}_E(t) = 0, \ddot{z}_E(t) = 0, \dddot{z}_E(t) = 0$ \hfill (5.48)

满足该边界条件的速度多项式为

$$\dot{z}_E(t) = \left[-64\left(\frac{t_2}{t_d}\right)^6 + 192\left(\frac{t_2}{t_d}\right)^5 - 192\left(\frac{t_2}{t_d}\right)^4 + 64\left(\frac{t_2}{t_d}\right)^3 \right]\dot{z}_{\max} \tag{5.49}$$

式中：
$$t_2 = t - t_1 - t_S$$

垂直高度和垂直速度之间的关系为

$$\int_0^{t_d} \dot{z}_E(t)\,\mathrm{d}t = h \tag{5.50}$$

则由方程(5.49)和方程(5.50)可得

$$t_d = \frac{50h}{23\dot{z}_{\max}} \tag{5.51}$$

根据预设的垂直高度 h 和最大垂直速度 $\dot{z}_{\max}$，则由方程(5.51)可以得到垂直下降时间。若设置初始条件为：舰船速度 $V_S = 5\text{m/s}$，距离着舰点横向位移(沿 OY_S 轴)$s = 20\text{m}$，沿 OY_S 轴最大飞行速度 $\dot{y}_{\max} = 5\text{m/s}$，距离降落台垂直高度(沿 OZ_S 轴)$h = 10\text{m}$，沿 OZ_S 轴最大飞行速度 $\dot{z}_{\max} = 5\text{m/s}$，稳定调整时间 $t_S = 1\text{s}$。则可获得如图 5.14 所示的

Z_E 轴下降轨迹剖面。

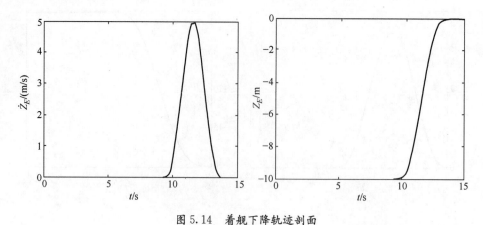

图 5.14　着舰下降轨迹剖面

5.5　直升机起降自主飞行的仿真验证

直升机轨迹跟踪制导系统的一般结构如图 5.1 所示,分为制导与飞控系统两个回路。制导系统称为外回路,飞控系统称为内回路。本节飞控系统采用基于 LQR 的显模型跟踪控制,直接实现对机体三轴的速度及航向角的控制,并使各通道具有优良的动态跟踪及解耦性能,其结构如图 5.15 所示。

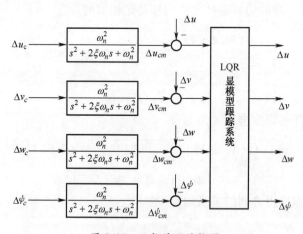

图 5.15　飞控系统结构图

图中,Δu_c,Δv_c 及 Δw_c 为来自制导系统的矩阵变换的输出。又由于在起飞时段、返航进场与降落阶段的轨迹均需操控给定的航向角,对航向角通道实现镇定,即 $\Delta \psi_c = 0$。

本节将完成如下内容:

(1) 针对 UH60 直升机设计了内回路 LQR 显模型跟踪的飞控系统及外回路的制导律。

(2) 对自主起飞轨迹跟踪进行仿真验证。

(3) 对自主返航段进行仿真验证。

（4）对垂直降落段进行仿真验证。

5.5.1 LQR 显模型飞控系统设计

图 5.16 为 LQR 显模型跟踪系统结构配置图，其设计方法简述如下：

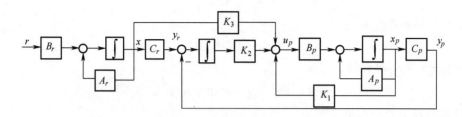

图 5.16　LQR 显模型控制结构配置

设直升机的线性小扰动动力学模型为

$$\dot{\boldsymbol{x}}_p = \boldsymbol{A}_p \boldsymbol{x}_p + \boldsymbol{B}_p \boldsymbol{u}_p$$
$$\boldsymbol{y}_p = \boldsymbol{C}_p \boldsymbol{x}_p$$
(5.52)

式中：$\boldsymbol{A}_p$ 为 9×9 的动力学状态矩阵；$\boldsymbol{B}_p$ 为 9×4 的控制矩阵；$\boldsymbol{C}_p$ 为 4×9 的输出矩阵。

状态矢量 $\boldsymbol{x}_p = [\Delta u \quad \Delta v \quad \Delta w \quad \Delta\phi \quad \Delta\theta \quad \Delta\psi \quad \Delta p \quad \Delta q \quad \Delta r]^{\mathrm{T}}$

控制矢量 $\boldsymbol{u}_p = [\Delta\delta_e \quad \Delta\delta_a \quad \Delta\delta_r \quad \Delta\delta_c]^{\mathrm{T}}$

输出矢量 $\boldsymbol{y}_p = [\Delta u \quad \Delta v \quad \Delta w \quad \Delta\psi]^{\mathrm{T}}$

假定要跟踪的显模型状态方程为

$$\dot{\boldsymbol{x}}_r = \boldsymbol{A}_r \boldsymbol{x}_r + \boldsymbol{B}_r \boldsymbol{r}$$
$$\boldsymbol{y}_r = \boldsymbol{C}_r \boldsymbol{x}_r$$
(5.53)

$\boldsymbol{A}_r$，$\boldsymbol{B}_r$ 的值由直升机三轴速度的纠编与航向角纠编的响应品质要求而定。$\boldsymbol{r}$ 表示直升机的三轴速度纠编与航向角纠编的信号指令，即 $\boldsymbol{r} = [\Delta u_c \quad \Delta v_c \quad \Delta w_c \quad \Delta\psi_c]^{\mathrm{T}}$。

要求设计 LQR 控制器使系统稳定，且对象的输出 $\boldsymbol{y}_p(t)$ 能对各自的显模型 $\boldsymbol{y}_r(t)$ 进行动态跟踪，并要求跟踪的稳态误差为零。

首先定义输出误差

$$\boldsymbol{e}(t) = \boldsymbol{y}_r(t) - \boldsymbol{y}_p(t)$$
(5.54)

为了提高系统的稳态跟踪精度，引入误差量的积分，令

$$\dot{\boldsymbol{z}}(t) = \boldsymbol{e}(t) = -\boldsymbol{C}_p \boldsymbol{x}_p + \boldsymbol{C}_r \boldsymbol{x}_r$$
(5.55)

由式（5.52）、式（5.53）、式（5.55），可得

$$\begin{bmatrix} \dot{\boldsymbol{x}}_p \\ \dot{\boldsymbol{z}} \\ \dot{\boldsymbol{x}}_r \end{bmatrix} = \begin{bmatrix} \boldsymbol{A}_p & \boldsymbol{0} & \boldsymbol{0} \\ -\boldsymbol{C}_p & \boldsymbol{0} & \boldsymbol{C}_r \\ \boldsymbol{0} & \boldsymbol{0} & \boldsymbol{A}_r \end{bmatrix} \begin{bmatrix} \boldsymbol{x}_p \\ \boldsymbol{z} \\ \boldsymbol{x}_r \end{bmatrix} + \begin{bmatrix} \boldsymbol{B}_p \\ \boldsymbol{0} \\ \boldsymbol{0} \end{bmatrix} \boldsymbol{u}_p$$
(5.56)

将式（5.56）简写成

$$\dot{\boldsymbol{X}} = \boldsymbol{A}\boldsymbol{X} + \boldsymbol{B}\boldsymbol{u}_p$$
(5.57)

对于式（5.57）的系统，如果 $(\boldsymbol{A}, \boldsymbol{B})$ 可控，可采用 LQR 状态反馈设计控制阵。选择性

能指标函数为

$$J = \frac{1}{2}\int (\boldsymbol{X}^{\mathrm{T}}\boldsymbol{Q}\boldsymbol{X} + \boldsymbol{u}_p^{\mathrm{T}}\boldsymbol{R}\boldsymbol{u}_p)\mathrm{d}t \tag{5.58}$$

则反馈控制为

$$\boldsymbol{u}_p = \boldsymbol{K}\boldsymbol{X} \tag{5.59}$$

其中反馈增益阵 $\boldsymbol{K}$ 为

$$\boldsymbol{K} = -\boldsymbol{R}^{-1}\boldsymbol{B}^{\mathrm{T}}\boldsymbol{P} \tag{5.60}$$

$\boldsymbol{P}$ 为代数黎卡提方程

$$\boldsymbol{A}^{\mathrm{T}}\boldsymbol{P} + \boldsymbol{P}\boldsymbol{A} + \boldsymbol{Q} - \boldsymbol{P}\boldsymbol{B}\boldsymbol{R}^{-1}\boldsymbol{B}^{\mathrm{T}}\boldsymbol{P} = 0 \tag{5.61}$$

的解。其中 $\boldsymbol{Q} \geqslant 0, \boldsymbol{P} \geqslant 0$。

根据式(5.56),式(5.59)可写成

$$\boldsymbol{u}_p = \boldsymbol{K}\boldsymbol{X} = \boldsymbol{K}_1\boldsymbol{x}_p + \boldsymbol{K}_2\boldsymbol{z} + \boldsymbol{K}_3\boldsymbol{x}_r = \boldsymbol{K}_1\boldsymbol{x}_p + \boldsymbol{K}_2\int e(t)\mathrm{d}t + \boldsymbol{K}_3\boldsymbol{x}_r \tag{5.62}$$

通常显模型可选为二阶线性动力学模型 $\dfrac{\omega_n^2}{s^2 + 2\xi\omega_n s + \omega_n^2}$,因此 $\boldsymbol{A}_r = \begin{bmatrix} 0 & 1 \\ -2\xi\omega_n & -\omega_n^2 \end{bmatrix}$。

为验证 LQR 显模型跟踪系统的性能,以 UH60 直升机 15kn 速度下的线性动力学为例进行设计与仿真,其初始状态为 $\theta_0 = 5.05°, \phi_0 = -2.34°, \psi_0 = 0$。

选择四个通道显模型的 $\xi = 0.707, \omega_n = 1\mathrm{rad/s}$。线性状态方程式(5.52)表示,其中的状态矩阵与控制矩阵分别为:

$$\boldsymbol{A}_p = \begin{bmatrix} -0.0235 & -0.0340 & 0.0254 & 0 & -9.8372 & 0 & -0.0788 & 0.8562 & -0.0631 \\ 0.0338 & -0.0473 & 0.0043 & 9.8290 & 0.0355 & 0 & -0.5252 & -0.1093 & 0.1946 \\ 0.0227 & -0.0089 & -0.2931 & 0.4016 & -0.8688 & 0 & -0.0032 & 0.1098 & -0.0628 \\ 0 & 0 & 0 & 0 & 0 & 0 & 1.0000 & -0.0036 & 0.0883 \\ 0 & 0 & 0 & 0 & 0 & 0 & 0 & 0.9992 & 0.0408 \\ 0 & 0 & 0 & 0 & 0 & 0 & 0 & -0.0410 & 1.0031 \\ 0.2502 & -0.1353 & 0.0165 & 0 & 0 & 0 & -3.5510 & -2.2720 & 0.0747 \\ 0.0117 & 0.0443 & 0.0066 & 0 & 0 & 0 & 0.3139 & -0.8161 & -0.0034 \\ 0.0071 & 0.0320 & -0.0064 & 0 & 0 & 0 & -0.1013 & -0.3396 & -0.3342 \end{bmatrix}$$

$$\boldsymbol{B}_p = \begin{bmatrix} -0.5057 & 0.2959 & 0.0133 & 0.2909 \\ 0.0233 & 0.0306 & 0.2871 & -0.4529 \\ -0.0418 & -2.4143 & 0.0013 & 0.1765 \\ 0 & 0 & 0 & 0 \\ 0 & 0 & 0 & 0 \\ 0 & 0 & 0 & 0 \\ 0.0436 & -0.1471 & 1.3340 & -0.8406 \\ 0.3346 & -0.0056 & -0.0036 & 0.0154 \\ 0.0011 & 0.0631 & 0.0273 & 0.6040 \end{bmatrix}$$

根据式(5.59)~式(5.62),经计算可得控制阵为

$$
\mathbf{\textit{K}}_1 = \begin{bmatrix}
1.7253 & 0.1232 & 0.1912 & 1.5965 & -15.8490 & -0.2313 & -0.0041 & -5.4837 & -0.7022 \\
-0.1093 & 0.0290 & 0.7840 & 0.2839 & 0.1878 & -0.1462 & 0.0463 & 0.0431 & -0.1488 \\
0.0916 & -1.1614 & 0.0088 & -9.3009 & -2.5714 & -1.5253 & -1.6415 & 0.6017 & -2.2689 \\
-0.0183 & 0.5190 & -0.0549 & 2.4452 & -0.7741 & -2.0472 & 0.3585 & -0.1861 & -1.9995
\end{bmatrix}
$$

$$
\mathbf{\textit{K}}_2 = \begin{bmatrix}
-0.9816 & -0.1470 & -0.1183 & 0.0309 \\
0.1255 & -0.0280 & -0.9895 & 0.0662 \\
-0.1086 & 0.8386 & -0.0018 & 0.5338 \\
0.0950 & -0.5238 & 0.0832 & 0.8424
\end{bmatrix}
$$

$$
\mathbf{\textit{K}}_3 = \begin{bmatrix}
-1.2212 & -0.6424 & -0.1885 & -0.0910 & -0.1437 & -0.0734 & 0.0525 & 0.0457 \\
0.1040 & 0.0389 & -0.0329 & -0.0134 & -0.7969 & -0.2903 & 0.0868 & 0.0494 \\
-0.1688 & -0.1016 & 0.9441 & 0.4372 & -0.0037 & -0.0024 & 0.7622 & 0.4773 \\
0.0460 & -0.0027 & -0.5164 & -0.2058 & 0.0689 & 0.0253 & 1.1319 & 0.6650
\end{bmatrix}
$$

图 5.17 为当输入三轴纠编速度与航向角纠编指令下的阶跃响应。

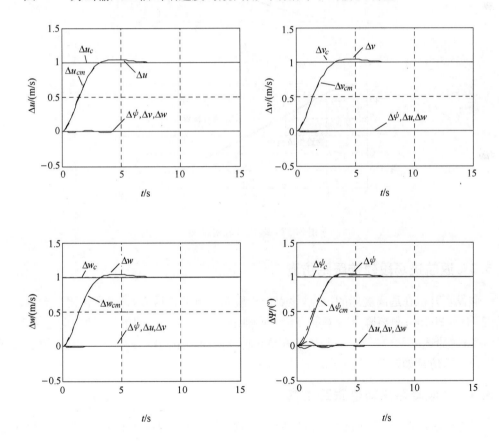

图 5.17　LQR 显模型跟踪系统动态响应

由图 5.17 仿真曲线可知，$\Delta u, \Delta v, \Delta w, \Delta \psi$ 跟踪了显模型的输出，有优良的跟踪性能，

并实现了四通道间的解耦。

在该飞控系统的基础上设计了由式(5.4)所示的制导律：

$K_X = 0.4, K_{XD} = 0.25, K_{XI} = 0.01; K_Y = 0.3, K_{YD} = 0.23, K_{YI} = 0.01;$

$K_Z = 0.41, K_{ZD} = 0.2, K_{ZI} = 0.01$

5.5.2　自主起飞轨迹跟踪仿真

设计初始条件为 $H_0 = 22m$，$V_S = 10kn$，$V_c = 2.5m/s$，$H_D = 122m$，$V_D = 80kn$，按照式(5.5)及式(5.17)所形成的起飞剖面轨迹指令起飞，制导系统的跟踪过程如图5.18所示。图中 X_E 为纵向飞行轨迹；Z_E 为垂向飞行轨迹。

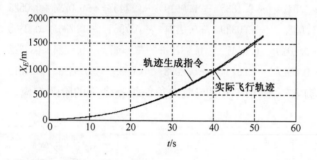

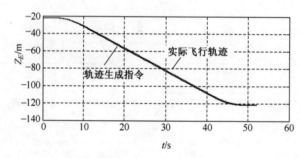

图5.18　起飞段轨迹跟踪

5.5.3　返航进场段轨迹跟踪仿真

假设直升机在远离舰船的一点，该点位于舰船一侧的正后方，该点距离降落台的初始高度 $H_0 = 250m$；距离降落台着舰点沿 Y_E 轴距离 $y = 20m$；初始 X_E 轴方向速度 $V_0 = 41m/s$；舰船速度 $V_S = 5m/s$；与舰船在 X_E 轴方向的初始间距 $\Delta X_0 = 2350m$，返航进场的轨迹跟踪仿真如图5.19所示。

5.5.4　着舰降落段轨迹跟踪仿真

经返航阶段后，直升机已移动到舰船的一侧，并保持与舰船相对静止，假设舰船速度 $V_S = 5m/s$，与着舰点在 Y_E 方向上的距离 $s = 20m$，沿 Y_E 最大飞行速度 $\dot{y}_{max} = 5m/s$，与着舰点在 Z_E 上的高度 $h = 10m$，沿 Z_E 最大飞行速度 $\dot{z}_{max} = 5m/s$，稳定调节时间 $t_S = 1s$，则可得如图5.20所示的跟踪 Y_E 轴轨迹生成指令的动态过程。

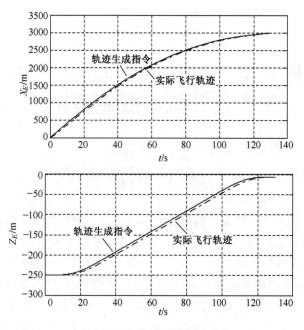

图 5.19 返航进场的轨迹跟踪

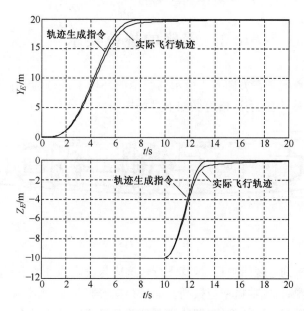

图 5.20 着舰降落段轨迹跟踪

第六章 具有甲板运动预估的
无人直升机着舰制导系统

6.1 引言

本章重点研究无人直升机进入最后着舰阶段的自主着舰的另一种制导方法。其特点是实现高海况下的自主着舰,在制导系统中加入了甲板运动预估器。

为了实现无人直升机在高海况下的自主下降着舰,可通过甲板预估器确定最佳的下降时间,并通过控制下降速率使无人直升机以最佳着舰状态着舰,亦即按预测的甲板运动最小状态下着舰。另外,为了增加着舰安全性,设计了中断控制器,使直升机在着舰危险因子较高时选择复飞。本章采用了经典的 PID 控制方法设计内回路姿态控制律和外回路的制导律,实现自主下降着舰,并进行仿真验证。

6.2 着舰的规范要求

无人直升机的着舰是在如图 6.1 所示的狭窄的环境下进行的,由于飞机靠近工作人员及昂贵的舰上设备,因此需严格遵循如下进场规则:

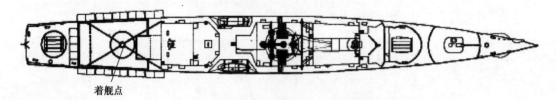

着舰点

图 6.1 某无人直升机的着舰区

(1) 无人直升机到达舰船附近时,其飞行轨迹应与设定的进场飞行路线相一致。

(2) 当打算着舰时,成功概率应极高。如果存在着舰风险,则必须放弃着舰。

(3) 舰船面对风与海浪的干扰,即使海况到达 5 级都应成功回收。

鉴于上述规则,设计了如图 6.2 所示的进场剖面。无人直升机跟随剖面中的飞行轨迹,当到达舰载雷达能测量到的范围内,着舰系统就开始控制,无人直升机从这一点沿着基准进场轨迹下降到着舰起始点上。该点离着舰平台高度约为 50ft。然后以垂直下降的方式最终完成着舰任务。这一着舰方式与有人驾驶直升机着舰有相似过程。

制导系统应满足在如下 4 个参数的限定范围内着舰:

$\Delta \dot{h}_{TD} < 5\text{ft/s};$

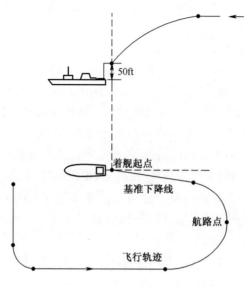

图 6.2　无人直升机着舰步骤剖面图

$\mid \Delta X_{TD} \mid <12\text{ft}$；

$\mid \Delta Y_{TD} \mid <12\text{ft}$；

$\mid \Delta \Phi_{SHIP_{TD}} \mid <6°$。

其中 $\Delta \dot{h}_{TD}$ 为触舰时的相对垂直速度，ΔX_{TD} 为触舰时舰船坐标系中的 x 轴误差，ΔY_{TD} 为触舰时舰船坐标系中的 y 轴误差，$\Delta \Phi_{SHIP_{TD}}$ 为触舰时舰船横滚角。

6.3　着舰制导系统的组成

高海况下着舰的制导系统在垂直下降段的使命是：

（1）在下降开始前需对着舰中心点的沉浮运动进行跟踪以减少高度误差；

（2）对舰的横滚角进行预估，确定飞机下降到着舰点的时间，使着舰瞬间舰的横滚角为零；

（3）控制无人直升机相对于着舰点的下降速率，在这一速率下使无人直升机在规定的时间点触舰，并使触舰时舰船的横滚角为零。

上述使命的关键是对舰的横滚运动进行预估。

舰的运动包括舰俯仰运动、横滚运动及沉浮运动。通过对舰运动的参数进行分析可知，在 5 级海况时，舰俯仰角、纵荡、横荡和偏摆运动幅度较小。影响着舰的甲板运动主要是滚转与沉浮运动，因此需要考虑舰船的滚转与沉浮运动对无人直升机着舰的影响。国外的一些重要文献给出了同样的结论。

对舰横滚运动数据分析表明，它具有相对光滑的正弦特性，近似于带阻尼的二阶模型。而沉浮运动不近似于正弦特性，不易掌握。假如无人直升机能足够精确地跟踪舰的垂直沉浮运动，那么就无需沉浮运动预估器。只要系统有足够的带宽，对甲板沉浮运动的跟踪是可实现的。

基于以上分析,因此下降着舰制导系统的主要使命为:

(1) 舰横滚运动预估器;

(2) 舰沉浮运动的跟踪;

(3) 垂直下降速率指令的计算,使舰横滚姿态角到达零时的时间触舰。

本章对某型舰载无人直升机下降着舰状态的制导系统进行设计,结果表明,下降开始时间是到达零横滚角时的前8s。通过总距进行下降速率自动控制,使无人直升机触舰时的预估横滚角为零,且相对于甲板的撞击速率近似为2ft/s。

若预估器预估到8s后甲板横滚角为零,则触发无人直升机开始下降着舰。预估器在触舰前2s时进行更新,预估2s后的甲板横滚角,供控制中断逻辑(abort logic)判断是否放弃着舰。预估器只有当海浪运动十分明显时才使用。若大海平静,舰横滚运动小于1°～2°,则下降开始的时间不必依赖于舰的预估值。

6.4　甲板预估器的设计

在舰船运动较剧烈的情况下,无人直升机想要安全着舰应该考虑预估甲板运动。目前有两种主流的方法来预测甲板运动。一种是建立一个适当的动态模型,它能捕获甲板运动的主要特性。用这种方法预估很大程度上取决于模型的逼真度,而建立一个逼真的甲板运动模型需要准确理解舰船运动的原理和当地海况的参数。实际上,这种方法不仅耗时长,还由于许多参数无法得知而不可行。另一种方法则是将甲板运动系统视为一个黑盒,采用一个近似的模型来拟合这个系统的输入输出特性。用这种方法预估时,我们只要将测量参数输入到近似模型里,便会输出预估结果。本文采用的基于时间序列的 AR 模型的方法便是第二种方法,只需要前段时刻的甲板运动测量值,而不需要建立舰船运动的六自由度运动方程。

甲板运动预估已经研究了许多年,目前的主流方法有:①采用卡尔曼滤波理论来预估甲板运动;②基于自适应 AR 模型来设计预估器;③基于粒子滤波理论的预估器设计,但这些预估器都是用于飞机着舰的,都只是短时间的预估,预估时间长了之后就会带来较大的误差,降低预估精度。而无人直升机着舰是相对缓慢的过程,从开始下降到着舰瞬间花费的时间较长,这就需要预估较长时间后的甲板运动。本文采用了改进的 AR 模型来设计甲板预估器。

为了能在舰船横滚角为零时触舰,本文在基于时间序列的 AR 模型的基础上,设计了甲板横滚预估器。采用 BIC(Bayes Information Criterion)准则定立了 AR 模型阶数,采用 FFRLS(Forgetting Factor Recursive Least Square)方法确立模型参数。

6.4.1　确定模型阶数和参数

设 AR 模型动态方程为

$$y(t) = A(q^{-1})y(t) + B(q^{-1})u(t) + e(t) \tag{6.1}$$

$$A(q^{-1}) = \sum_{i=1}^{m} a_{(m,i)}q^{-i}, m \in N \tag{6.2}$$

$$B(q^{-1}) = \sum_{j=0}^{n-1} b_{(n,j)} q^{-j}, n \in N, n < m \tag{6.3}$$

$$u(t) = q^{-L} y(t), L > m, L \in N \tag{6.4}$$

其中,$y(t)$ 是指甲板的横滚角,q^{-1} 是单位时滞算子(例如:$q^{-1}y(t)=y(t-1)$),参数 $a_{(m,i)}, i=1,\cdots,m$ 和 $b_{(n,j)}, j=0,\cdots,n-1$ 是 AR 模型的自适应参数,m 是 $A(q^{-1})$ 的阶数,n 是 $B(q^{-1})$ 的阶数。L 是指向前预测 L 步,若采样时间为 $0.25s$,$L=32$,则能向前预测 8s。

为不失一般性,假设模型阶数在以下范围内

$$m_\epsilon V_1 = \{ m \mid 1 \leqslant m \leqslant m_{max}, m \in N \} \tag{6.5}$$

$$n_\epsilon V_2 = \{ n \mid 1 \leqslant n \leqslant n_{max}, n \in N \} \tag{6.6}$$

其中 m_{max} 和 n_{max} 是模型阶数的上界,为了定立好模型阶数,合理的边界要被考虑在内。模型阶数的上界必须足够大以保证预估的精确性,但越大的模型阶数会带来越高的模型复杂度,使计算量增加,造成预估器的实时性不好,对硬件的要求也更高。因此,将模型阶数上界定义为

$$m_{max} = O(\sqrt{T}) \quad n_{max} = O(\sqrt{T}/2) \tag{6.7}$$

其中,T 为样本数据的个数,本文取 $T=1000$。

通过引入时滞算子,定义了测量数据向量

$$\boldsymbol{\varphi}_r^{\mathrm{T}}(t) = [y(t-1), \cdots, y(t-m), u(t), \cdots, u(t-n+1)] \tag{6.8}$$

和参数向量

$$\boldsymbol{\theta}_r^{\mathrm{T}}(m,n,t) = [a_{(m,1)}(t), \cdots, a_{(m,m)}(t), b_{(n,0)}(t), \cdots, b_{(n,n-1)}(t)] \tag{6.9}$$

则能将式(6.6)~式(6.9)变化为

$$y(t) = \boldsymbol{\theta}_r^{\mathrm{T}}(m,n,t) \boldsymbol{\varphi}_r(t) + e(t) \tag{6.10}$$

采用加入遗忘因子的最小二乘法(FFRLS)来估计参数。最小二乘法是基于最小二乘准则,使预估误差的加权平方和 $J(\boldsymbol{\theta}_r)$ 最小的一种算法。

$$J(\boldsymbol{\theta}_r) = \sum_{j=1}^{t} \lambda^{t-j} [y(j) - \boldsymbol{\theta}_r^{\mathrm{T}}(m,n,j) \boldsymbol{\varphi}_r(j)]^2 \tag{6.11}$$

其中 λ 为遗忘因子,它可以使建模过程更好地适应非平稳情况下的数据统计特性的变动。一般而言,$\lambda[0.98, 0.995]$。

因此,利用 FFRLS 方法来预估模型参数的表达式为

$$\boldsymbol{\theta}_r(m,n,t) = \Big[\sum_{j=1}^{t} \lambda^{t-j} \boldsymbol{\varphi}_r(m,n,j) \boldsymbol{\varphi}_r^{\mathrm{T}}(m,n,j) \Big]^{-1} \Big[\sum_{j=1}^{t} \lambda^{t-j} \boldsymbol{\varphi}_r(m,n,j) y(j) \Big]$$

$$\tag{6.12}$$

由于上述公式难以实现,因此可以写成递归形式

$$\boldsymbol{\theta}_r(m,n,t+1) = \boldsymbol{\theta}_r(m,n,t) + \boldsymbol{M}(m,n,t+1)[y(t+1) - \boldsymbol{\varphi}_r^{\mathrm{T}}(t+1)\boldsymbol{\theta}_r(m,n,t)]$$

$$\tag{6.13}$$

$$\boldsymbol{M}(m,n,t+1) = \boldsymbol{P}(m,n,t) \boldsymbol{\varphi}_r(t+1) [\lambda + \boldsymbol{\varphi}_r^{\mathrm{T}}(t+1) \boldsymbol{P}(m,n,t) \boldsymbol{\varphi}_r(t+1)]^{-1}$$

$$\tag{6.14}$$

$$\boldsymbol{P}(m,n,t+1) = [\boldsymbol{P}(m,n,t) - \boldsymbol{M}(m,n,t+1)\boldsymbol{\varphi}_r^{\mathrm{T}}(t+1)\boldsymbol{P}(m,n,t)]/\lambda \tag{6.15}$$

$$\boldsymbol{\theta}_r(m,n,0)=0 \quad \boldsymbol{P}(m,n,0)=\alpha \boldsymbol{I} \tag{6.16}$$

其中,矩阵 $\boldsymbol{P}(m,n,t+1)$ 为误差协方差矩阵,矩阵 $\boldsymbol{M}(m,n,t+1)$ 为更新矩阵,α 为一个大的正常数。

定义预估误差为

$$\xi(m,n,t+1)=y(t+1)-\boldsymbol{\varphi}_r^{\mathrm{T}}(m,n,t+1)\boldsymbol{\theta}_r(m,n,t) \tag{6.17}$$

T 时刻最大似然估计误差的协方差为

$$\sigma^2 = \frac{1}{T-m-n} \sum_{t=m+n+1}^{T} \xi^2(m,n,t) \tag{6.18}$$

确定阶数的 BIC 准则为

$$BIC(m,n,T)=\ln\sigma^2(m,n,T)+\frac{(m+n)\ln T}{T} \tag{6.19}$$

即最小的 BIC 值对应着最优的 m^*、n^*。

选择阶数时,首先考虑的是长时间预估的精度,然后在精度允许的情况下,选择使模型较为简单的阶数。

具体步骤如下:

(1) 对于每个 $i=1,\cdots,n_{\max}$,求出 $m_i^* = \arg\{\min(BIC(j,i,T))\},j=1,\cdots,m_{\max}$;

(2) 求出最优 $m^* = \max\{m_i^*\},i=1,\cdots,n_{\max}$;

(3) 对于 m^*,通常有几个 $n_1,n_2,\cdots,n_r,n_r \leqslant n_{\max}$,为了降低模型复杂度,选择 $n^* = \max\{n_k\},k=1,2,\cdots,r$。

6.4.2　甲板运动预估算法

在选择了最优阶数 (m^*,n^*),并相应地用 FFRLS 计算出模型参数后,便可以预估动态甲板运动了。

基于式(6.1)~式(6.4),预估式可写为

$$\begin{aligned}
\hat{y}(t+L \mid t) =& \hat{a}_{(m,1)}\hat{y}(t+L-1 \mid t)+\cdots+ \\
& \hat{a}_{(m,m)}\hat{y}(t+L-m \mid t)+\hat{b}_{(n,0)}y(t)+\hat{b}_{(n,1)}y(t-1)+\cdots+\hat{b}_{(n,n-1)}y(t-(n-1))
\end{aligned} \tag{6.20}$$

具体结构如图 6.3 所示。

其中,$\hat{y}(t+L \mid t)$ 指 t 时刻的甲板运动 L 步预估值。$\hat{a}_{(m,1)}\cdots\hat{a}_{(m,m)}$ 和 $\hat{b}_{(n,1)}\cdots\hat{b}_{(n,n-1)}$ 是用 FFRLS 计算出来的模型参数。

6.4.3　预估结果及分析

当选择采样时间为 0.25s,仿真时间为 250s,对在高海况下基于成形滤波器的甲板横滚运动进行预估,预估时间为 8s,即 $L=32$,结果如图 6.4 所示。

对图 6.4 进行分析可知,由于预估的步数较多,整体预估效果不是很好。但本文对甲板横滚运动的预估只需用到过零点,对所有预估横滚角为零时的误差进行求最大值,发现最大横滚角过零预估误差为 2.4183°,符合要求。

选采样时间同样为 0.25s,仿真时间为 250s,对在高海况下基于成形滤波器的甲板横滚运动进行预估,预估时间为 2s,即 $L=8$,结果如图 6.5 所示。

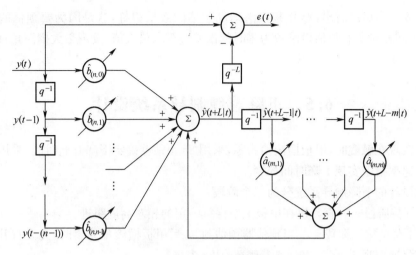

图 6.3　预估器数学模型

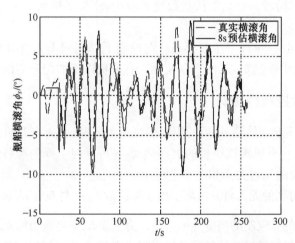

图 6.4　预估时间为 8s 的甲板横滚运动预估

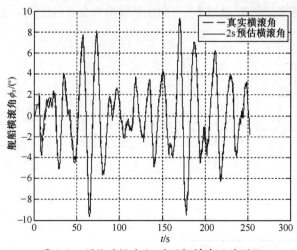

图 6.5　预估时间为 2s 的甲板横滚运动预估

　　由图 6.5 中可以看出,2s 甲板横滚运动预估的效果很好,这是因为要预估的步数(8步)较少。同样对所有预估横滚角为零时的误差进行求最大值,发现最大横滚角过零预估误差仅为 0.4272°。

6.5　下降着舰制导系统设计

　　为了实现在触舰时,甲板横滚角为零,采用 8s 预估器确定下降开始时间,采用基于时间的下降速率指令实现下降时间控制。

　　由此设计的下降制导系统分为三个阶段:

　　(1) 等待阶段——直升机在甲板上空保持一定的相对高度跟进。

　　(2) 下降的第一阶段——当预估器预估到 8s 后甲板横滚角为零时,无人直升机开始以一定下降速率规律下降,直到离着舰还有 2s 为止。

　　(3) 下降的第二阶段——高度按指数规律减小,使接触甲板的速度为 2ft/s。该下降段大约延续 2s。

　　为了减少着舰风险,设计了中断模态。在控制下降期间无人直升机超过飞行状态极限限制时,就会触发中断逻辑,从而下令使无人直升机以正的爬升率回到等待阶段。

6.5.1　等待阶段控制律设计

　　在甲板预估器还未预估到 8s 后的甲板横滚角为零时,无人直升机需要在甲板着舰点上空等待,此时无人直升机跟踪甲板的沉浮运动,做好随时下降的准备。其制导结构如图6.6 所示。等待阶段的几何关系如图 6.7 所示。

　　由位置传感器得到的无人直升机离甲板实际高度 h_{deck} 与 50ft 的基准高度 h_{ref} 有误差时,产生相对于甲板的有限制的高度速率指令。为了使 h_{deck} 迅速跟踪 h_{ref},引入 $\dot{h}_{ship}$ 信号。由图 6.6 可知,对舰船沉浮运动的跟踪是通过对总距通道的控制而实现的。将地面坐标系中的总距通道下降速率指令 $\dot{h}_c$ 通过 $\boldsymbol{L}_E^B$ 方向余弦转换为直升机机体 z 轴的速度指令。

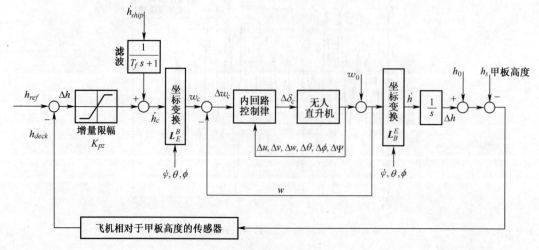

图 6.6　等待阶段结构

由图 6.6 可知,下降速度控制律为

$$\dot{h}_c = \dot{h}_{ship} \cdot \frac{1}{T_f s + 1} + K_{pz} \cdot (h_{ref} - h_{deck}) \qquad (6.21)$$

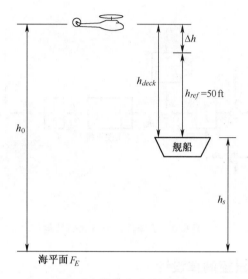

图 6.7　等待阶段剖面示意

6.5.2　下降第一阶段控制律设计

当横滚预估器预估到 8s 后舰船横滚角将为零时,自动起动下降模态,使飞机下降到高度按指数规律下降的开始点,即离着地大约还有 2s 的那一点。下降第一阶段高度速率指令 $\dot{h}_c$ 按下式执行

$$\dot{h}_c = -\frac{h_{deck} - h_{FL}}{t_2 - t_{FL}} \qquad (6.22)$$

式中:h_{deck} 为飞机离甲板的实际高度;h_{FL} 为下降第二阶段的起始高度;t_2 为下降开始至触地的时间变化;t_{FL} 为高度按指数下降的开始时间(即 2s);

由指数下降规律定义可知,飞机到达下降第二阶段的起始高度应是下降速率的函数,即

$$h_{FL} = k_{FL}(\dot{h}_{TD} - \dot{h}_{deck}) \qquad (6.23)$$

式中:$\dot{h}_{deck}$ 为直升机相对于甲板的高度变化速率;$\dot{h}_{TD}$ 为要求的触舰速率($-2\mathrm{ft/s}$);k_{FL} 为指数规律下降时间常数(s)。

假设无人直升机总距控制通道具有足够的带宽,即 $\dot{h}_c = \dot{h}_{deck}$,可得

$$\dot{h}_c = \frac{h_{deck} - k_{FL} \cdot \dot{h}_{TD}}{t_{FL} - t_2 - k_{FL}} \qquad (6.24)$$

考虑到触舰时的速度要求,还要加入甲板沉浮速率跟踪信号,最终可得

$$\dot{h}_c = \frac{h_{deck} - k_{FL} \cdot \dot{h}_{TD}}{t_{FL} - t_2 - k_{FL}} + \dot{h}_{ship} \cdot \frac{1}{T_f s + 1} \qquad (6.25)$$

平静海况下,上式产生近似 7ft/s 的下降速率直到高度按指数减小段开始。由上式可得如图 6.8 所示的控制结构。

其中 t_2 的初始值为 8s,下降开始后随着下降时间而减小,8s 着舰时 t_2 为零。

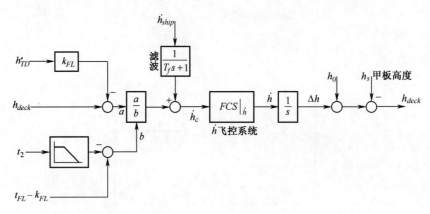

图 6.8　下降第一阶段控制结构

6.5.3　下降第二阶段控制律设计

在着舰前约 2s,为了使无人直升机从下降第一阶段平滑地减小下降速率,以要求的触舰速率着舰。因此采用下降速率与下降高度成正比的指数下降规律,也即

$$\dot{h}_c = \dot{h}_{TD} - \frac{h_{deck}}{k_{FL}} + \dot{h}_{ship} \cdot \frac{1}{T_f s + 1} \tag{6.26}$$

式中:h_{deck} 为下降第二阶段飞机离甲板高度,它的起始高度应为 h_{FL}。

由此产生的控制结构为图 6.9 所示。

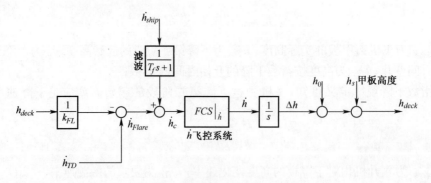

图 6.9　下降第二阶段控制结构

6.5.4　中断控制

在下降阶段,若飞机或舰的当前状态,或即将要发生的状态超出要求的边界,就会触发中断逻辑,使中断装置发出指令,控制飞机上升到等待高度。

中断应考虑成功回收的临界准则,主要有以下三个方面:舰船的横滚角、相对于甲板的高度速率以及着舰点的水平位置。具体流程如图 6.10 所示。

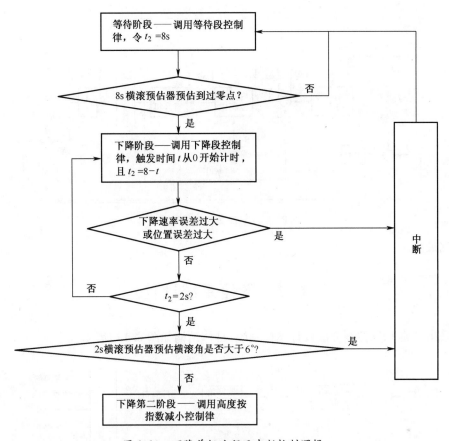

图 6.10　下降着舰流程及中断控制逻辑

　　在下降着舰时,由于各种各样的误差和扰动的存在,会导致着舰时甲板横滚角过大,此时采用 2s 甲板横滚预估器预估 2s 后的横滚角,若预估到的横滚角大于 6°,就会触发中断。在下降段开始和结束时,若速率误差分别大于 9.5ft/s 和 3.5ft/s,也会触发中断。另外,若在下降段开始后飞机不能保持在着舰甲板上方,也会触发中断。

6.6　水平位置制导系统设计

　　无人直升机在下降着舰的同时,也要跟随舰船前进,即相对于着舰平台的水平位置$(\Delta X, \Delta Y)$保持不变。为了消除水平位置误差,制导系统采用了 PID 控制,具体控制结构如图 6.11 所示。

　　无人直升机侧向与纵向控制律有极相似的结构配置,相对于着舰点的水平位置误差经 PID 处理,然后经限幅后产生速率控制信号,再通过对速率控制信号进行坐标变换,得到直升机自身机体轴上的速度跟踪信号,将速度跟踪误差导入内回路中,通过调节俯仰角和横滚角消除速度误差。

　　由于俯仰与横滚的不利耦合,及有限的控制权限,不利于水平位置的控制。且在高海况即气流扰动下影响位置的控制精度,而设置中断逻辑装置能使飞机超出着舰区的可能

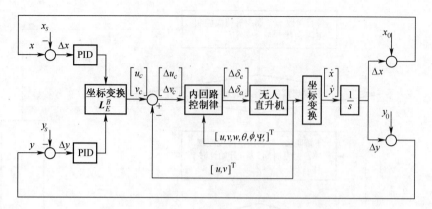

图 6.11　位置控制结构图

性减到最小。

6.7　飞控系统设计

采用经典 PID 控制方法设计飞控系统,具体结构如图 6.12 所示。

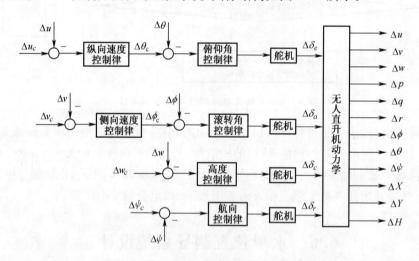

图 6.12　飞控系统结构配置

飞行控制系统由四个通道组成,俯仰和滚转通道分别控制直升机的前向和侧向速度,总距通道控制直升机的垂向速度,偏航通道控制直升机的偏航角。四通道的控制律如下所述。

（1）俯仰通道控制律为

$$\Delta\delta_e = k_Q(\Delta\theta_c - \Delta\theta) - kq \cdot \Delta q \qquad (6.27)$$

其中俯仰角指令由速度控制回路生成

$$\Delta\theta_c = -\left(k_{pu} + k_{iu}\frac{1}{s} + k_{du}s\right) \cdot (\Delta u_c - u_c) \qquad (6.28)$$

为进行仿真验证,针对某直升机动力学(数学模型见附录),经设计得到如下参数 $k_\theta =$

$1, k_q = 0.4, k_{pu} = 13, k_{iu} = 1, k_{du} = 1$。

（2）滚转通道控制律为

$$\Delta \delta_a = k_\phi (\Delta \phi_c - \Delta \phi) - k_p \cdot p \tag{6.29}$$

其中滚转角指令由速度控制回路生成

$$\Delta \phi_c = (k_{pv} + k_{iv} \frac{1}{s} + k_{dv} s) \cdot (\Delta v_c - \Delta v) \tag{6.30}$$

经设计，$k_\phi = 0.6, k_p = 0.3, k_{pv} = 13, k_{iv} = 1, k_{dv} = 1$。

（3）总距通道控制律为

$$\Delta \delta_c = \left(k_{pw} + k_{iw} \frac{1}{s} + k_{dw} s \right) \cdot (\Delta w_c - \Delta w) \tag{6.31}$$

经设计，$k_{pw} = 4, k_{iw} = 1, k_{dw} = 2$。

（4）偏航通道控制律为

$$\Delta \delta_r = k_\psi (\Delta \psi_c - \Delta \psi) - k_r \cdot r \tag{6.32}$$

经设计，$k_\psi = 1, k_r = 1$。

6.8　下降着舰仿真与分析

以 $t = 0$ 时刻舰船着舰点 O_{td} 为地面坐标系的原点 O_E，建立 NED 坐标系 F_E，内回路采用 PID 控制，控制无人直升机降落在以 5m/s 向北航行的舰船上。

通过对甲板横滚运动进行预估来确定下降起始时间，对甲板沉浮运动跟踪来确定下降速度，对无人直升机下降着舰进行仿真验证。

6.8.1　未加舰尾流场扰动、阵风干扰和地面效应时的仿真验证

（1）按图 6.11 所示位置跟踪制导结构进行制导误差仿真验证。

图 6.13 和图 6.14 分别为无人直升机 x 轴和 y 轴的跟踪误差，仿真表明在没有外界干扰的情况下，无人直升机有优良的制导特性。

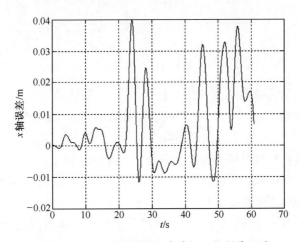

图 6.13　未加干扰的无人直升机 x 轴制导误差

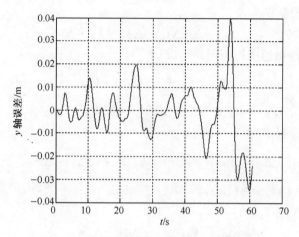

图 6.14　未加干扰的无人直升机 y 轴制导误差

（2）按图 6.6～图 6.9 所示的等待与下降阶段的甲板沉浮运动跟踪制导系统进行仿真验证。

图 6.15 为无人直升机的下降时间控制，仿真表明无人直升机在 52.75s 时开始下降。

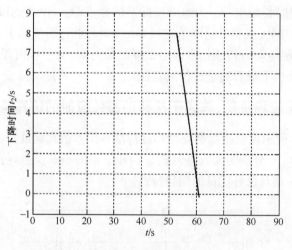

图 6.15　下降时间 t_2

图 6.16 为无人直升机的高度变化和舰船沉浮运动，仿真表明 52.75s 之前无人直升机一直在跟踪舰船的沉浮运动，在 52.75s 时 8s 横滚预估器预估到过零点，触发无人直升机开始下降。在 60.85s 时无人直升机下降至着舰平台，下降用时 8.1s。

图 6.17 为无人直升机机体坐标系上的的垂向速度跟踪。无人直升机在 52.75s 时开始下降，下降速率控制律从等待阶段转换为下降阶段，下降速度增加，在 58.75s 时转换为下降速率指数减小段，下降速度骤减，于 60.85s 着舰。

图 6.18 为对图 6.17 的局部放大图。可以看出误差基本控制在 0.02m/s 之内，通过速度的精确控制实现了下降高度和下降时间的控制。

图 6.19 为无人直升机相对于舰船的垂向速度变化，虽然由于舰船的随机沉浮运动，

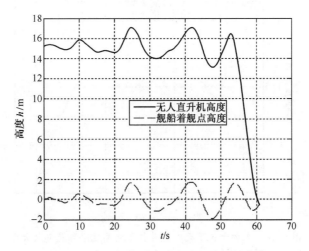

图 6.16　未加干扰的在地面坐标系下的高度

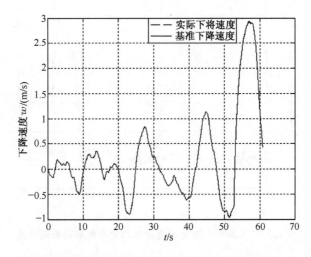

图 6.17　未加干扰下无人直升机垂向高度跟踪

导致相对速度存在高频振荡,但大体也可以看出在 52.75s 时,下降速率上升到 2m/s 左右,并在 58.75s 后开始以指数规律减速,最终在 60.85s 着舰瞬间,触舰相对速率为 1.0662m/s,符合安全着舰的要求。

(3) 按图 6.3 所示的预估器结构来设计甲板预估器预测舰船横滚运动,加入到下降与中断控制系统中进行仿真验证。

图 6.20 和图 6.21 分别为甲板横滚运动 8s 预估和 2s 预估的预估效果,可以看到 2s 预估器的效果较好,预估曲线更加贴近真实运动曲线。在 60.85s 着舰瞬间,甲板横滚角为 0.3°,符合安全着舰的要求。

(4) 按图 6.12 所示的飞控系统,作为内回路加入到着舰控制系统中进行仿真验证。

图 6.22~图 6.24 分别为未加干扰下无人直升机俯仰角、滚转角和偏航角的变化。可以发现由于没有加外界扰动,无人直升机姿态角比较稳定。

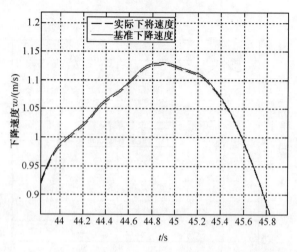

图 6.18　未加干扰下无人直升机垂向高度跟踪局部放大图

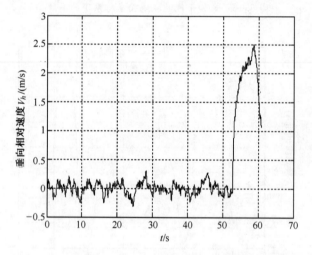

图 6.19　未加干扰下无人直升机相对于舰船的垂向速度

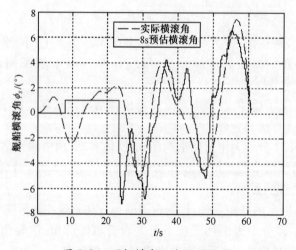

图 6.20　甲板横滚运动 8s 预估器

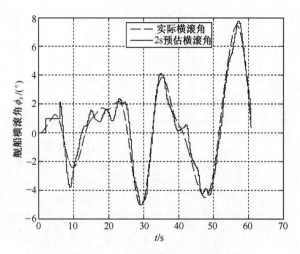

图 6.21 甲板横滚运动 2s 预估器

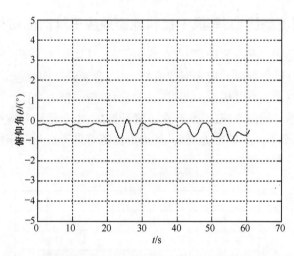

图 6.22 未加干扰下无人直升机俯仰角变化

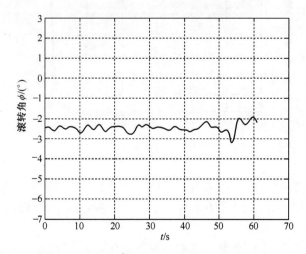

图 6.23 未加干扰下无人直升机滚转角变化

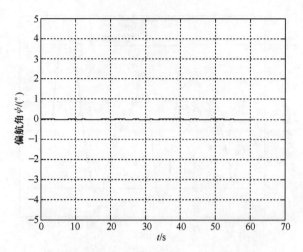

图 6.24 未加干扰下无人直升机偏航角变化

6.8.2 加入舰尾流场扰动、阵风干扰和地面效应干扰时的仿真验证

直升机着舰要受到海况的影响,会存在许多干扰,具体见 2.2 节。

考虑到无人直升机着舰时前向来流速度并不快,会受到地面效应的影响。图 6.25 为考虑了地面效应后的无人直升机推力和没考虑地面效应的推力之比。可以发现在等待阶段直升机推力基本不受地面效应的影响,在下降开始后,由于地面效应产生了推力的附加量,即同等直升机功率下产生的推力更大,且推力比随着直升机相对于甲板高度的减小而增大。

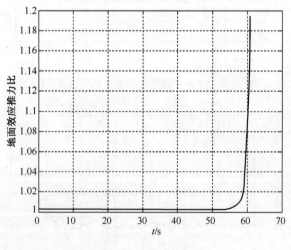

图 6.25 地面效应

由于舰船上建筑物的遮挡,在着舰点会产生气流下洗和侧洗,并伴随着前向来流速度的骤降。图 6.26 为舰尾气流干扰在舰体 x 轴上的分量,可以看出随着无人直升机下降,x 轴舰尾气流骤减。

考虑到海面上的阵风干扰,将其影响分解至直升机机体轴 $O_a - X_{Ba}Y_{Ba}Z_{Ba}$,图 6.27

为 $O_a Z_{Ba}$ 轴的阵风干扰。

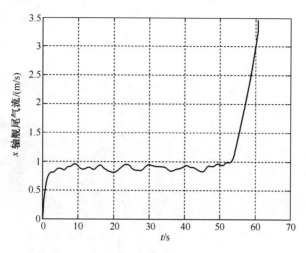

图 6.26　x 轴舰尾气流场

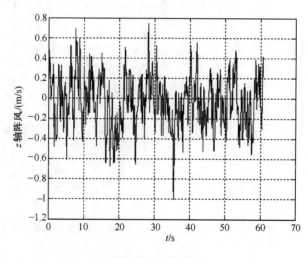

图 6.27　z 轴阵风

（1）按图 6.11 所示位置跟踪制导结构进行制导误差仿真验证。

图 6.28 和图 6.29 为加入扰动后的无人直升机 x 轴和 y 轴跟踪误差，仿真表明由于外界扰动，无人直升机的跟踪误差较大，尤其是 x 轴误差最大时达到了 0.7m，但还一直都在误差允许的范围内，即小于 12ft。

（2）按图 6.6～图 6.9 所示的等待与下降阶段的甲板沉浮运动跟踪制导系统进行仿真验证。

图 6.30 为无人直升机的高度变化和舰船沉浮运动，仿真表明 52.75s 之前无人直升机一直在跟踪舰船的沉浮运动，在 52.75s 时 8s 横滚预估器预估到过零点，触发无人直升机开始下降。在 60.76s 时无人直升机下降至着舰平台，下降用时 8.01s。

图 6.31 为无人直升机机体坐标系下的垂向速度跟踪，仿真表明在加入干扰后，有限的桨距权限导致了控制饱和，但总体高度速率跟踪的很好。速度误差基本小于 0.05m/s。

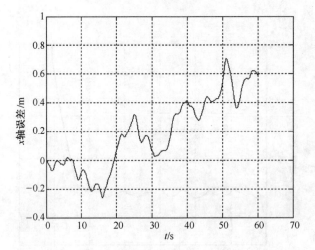

图 6.28 加入干扰后的无人直升机 x 轴制导误差

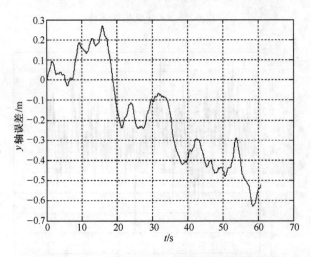

图 6.29 加入干扰后的无人直升机 y 轴制导误差

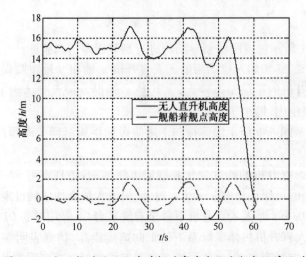

图 6.30 加入扰动后无人直升机的高度变化和舰船沉浮运动

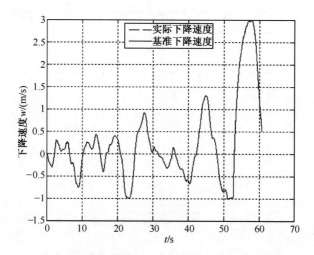

图 6.31　加入扰动后无人直升机机体坐标系下的垂向速度跟踪

图 6.32 为无人直升机相对于舰船的垂向速度变化,虽然由于舰船的随机沉浮运动,导致相对速度存在高频振荡,但大体也可以看出在 52.75s 时,下降速率上升到 2m/s 左右,并在 58.75s 后开始以指数规律减速,最终在 60.79s 着舰瞬间,触舰相对速率为 1.395m/s,再根据图 6.24 可得,着舰时舰船横滚角为 0.46°,符合安全着舰的要求。

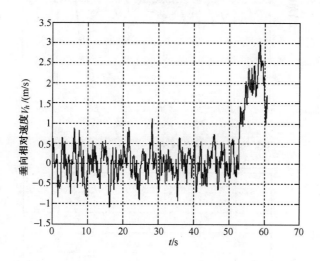

图 6.32　加入扰动后无人直升机相对于舰船的垂向速度变化

(3) 按图 6.12 所示的飞控系统,作为内回路加入到着舰控制系统中进行仿真验证。

图 6.33～图 6.35 分别为加入扰动后无人直升机俯仰角、滚转角和偏航角的变化。可以发现由于外界干扰,导致无人直升机姿态角变化较为剧烈。

从仿真结果来看,通过对甲板横滚运动进行预估来确定下降起始时间,对甲板沉浮运动跟踪来消除着舰高度误差,从而实现在高海况下的无人直升机着舰是可行的。

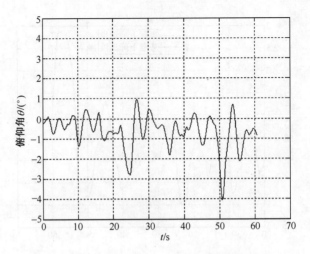

图 6.33　加入扰动后无人直升机俯仰角的变化

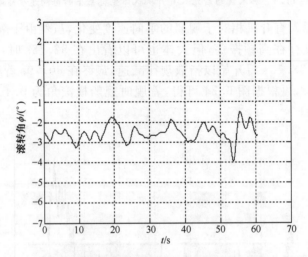

图 6.34　加入扰动后无人直升机滚转角的变化

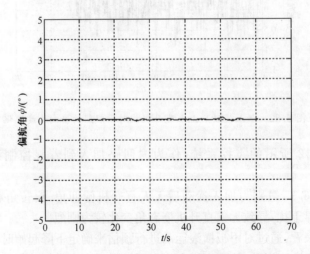

图 6.35　加入扰动后无人直升机偏航角的变化

第七章　无人直升机降落在运动体上轨迹优化设计

7.1　引言

无人飞行器,特别是具有垂直起降的飞行器(VTOL),具有高机动飞行,可在空间悬停,可起飞与降落在如像甲板那样的运动平台上。这种能自动着陆在活动目标上的飞行器可执行各种任务,例如搜索、营救、执法等。

本章将叙述这种微型飞行器降落在运动目标上轨迹优化设计,可分为四步。第一步是检测目标,这可用视觉方法。第二步是对目标进行跟踪。第三步是运动规划,即设计一个需求的着陆轨迹,使直升机着陆在一个运动体上。第四步是控制,使直升机按设计轨迹要求飞行。

将直升机着陆在运动体上的轨迹设计与控制的一般命题是:给出一个力学系统,其状态变量为 X ,其初始状态和最终状态为 $X(t_0)$, $X(t_f)$ X ,而 X 是系统状态空间。我们必须找到一个控制信号 $u:t \to u(t)$,使经时间 t_f 后系统达到 $X(t_f)$ 。为直升机跟踪轨迹找到一个最优控制输入量。

本章将研究直升机着陆于运动目标的轨迹设计及控制指令的生成。本章所描述的轨迹优化是采用直升机的运动学方程,基于变量的哈密尔顿及欧拉—拉格朗日方程来进行设计的。由轨迹生成器所形成的指令使直升机跟踪运动目标的任意轨迹,包括跟踪直线运动的目标及曲线运动的目标。本章将仿真验证轨迹优化设计的可行性。

7.2　轨迹生成的优化设计

本章将以直升机的简化降阶模型来研究轨迹优化问题,基于哈密尔顿及欧拉—拉格朗日公式,使用直升机运动学方程研究直升机的优化轨迹的生成。基于 Pontryagin 的最小原理可迅速得到轨迹的优化解。

通过优化控制理论解一般的轨迹综合问题时,要求解两点边界值问题,比较费时。由本章描述的方法去求解任何终值条件下的优化路径,可通过选择航向角的初始值以及求解三个一阶前进运动的微分方程而得到。该算法要求被跟踪的轨迹存在一阶和二阶偏微分。并采用三次样条插值使轨迹参数化,这一要求是可以达到的。

7.2.1　三次样条轨迹

直升机需跟踪的着陆轨迹可近似为三次多项式,在给定位置 x 和 y 处的高度 z 随时间 t 而变化,如下式所示

$$z(t) = a_0 + a_1 \cdot t + a_2 \cdot t^2 + a_3 \cdot t^3 \tag{7.1}$$

上式需满足下面的边界限制

$$z(0) = z_0 \quad z(t_f) = z_c \quad \dot{z}(0) = 0 \quad \dot{z}(t_f) = 0$$

式中：t_f 为终点时间，在上面的方程中，$z(t)$ 表示直升机在时间 t 时离地高度（用三次样条参数化），$z(0)$ 表示直升机在时间 $t=0$ 的直升机高度（$t=0$ 是直升机首次截获目标的时间）。$z(t_f)$ 是用 z_c 表示，因为目标离地高度为 z_c。$\dot{z}(0)$ 及 $\dot{z}(t_f)$ 表示 z 方向初始和最终速度，它们应当为零。最后，直升机着陆在运动目标上时，直升机与目标的速度应一致，用 $\dot{x}_h = \dot{x}_{target}$ 表示。再增加下面一组约束条件

$$\dot{z} \leqslant \dot{z}_{max} \,,\, \dot{x}_h(0) = 0 \,,\, \dot{x}_h(t_f) = \dot{x}_{target}(t_f) \,,\, x_h(t_f) = x_{target}(t_f)$$

上面是飞行时间的最小边界条件，直升机的飞行时间永远大于 t_{min}，而 t_{min} 由下式给出

$$t_{min} \geqslant \frac{-4a_2 + \sqrt{4a_2^2 - 12a_3 a_1}}{6a_3} \tag{7.2}$$

$$V_{max} \leqslant \frac{x}{t_{min}} \tag{7.3}$$

假定在距 x_m 处直升机必须截获目标并进行着陆，如图 7.1 所示，此时直升机的初始离地高度为 z_h，它必须着陆在距离 $x(m)$ 处离地高度为 z_c 的目标上。因为直升机最大速度由 $\dot{z}_h$ 给出，且直升机必须跟踪由方程(7.1)给出的三次样条轨迹，直升机着陆最小时间由方程(7.2)给出，因此最大速度由方程(7.3)所限制。

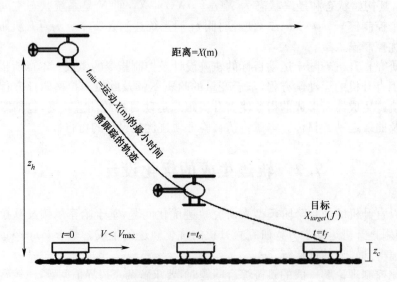

图 7.1　着陆在运动目标上示意图

因为高度是三次样条差值获得的高度，因此一阶、二阶微分存在并连续。为了着陆在一个运动的目标上，直升机高度需跟踪上面提到的具有净空 z_c 高度的垂直剖面。

$$z = g(t) \tag{7.4}$$

式中：z 是直升机高度。

7.2.2　运动方程

本文所指的直升机运动学模型用于对三次样条法形成的飞行轨迹进行优化跟踪控制。得到的结论可用直升机动力学模型对它进行校正。

直升机的简化运动方程,可按地面坐标系中的 x,y,z 三个方向运动学给出

$$\dot{x}_i = V\cos\psi \tag{7.5}$$

$$\dot{y}_i = V\sin\psi \tag{7.6}$$

式中:V 是 x,y,z 三个方向的速度合成矢量;ψ 是直升机的航向角(此处不计飞机的仰速与横滚)。

假定直升机的初始和最终位置是给定的,因此具有下面代价方程

$$J = \int_0^{t_f} \left[(1-K) + Kg(t) \right] \mathrm{d}t \tag{7.7}$$

式中:函数 $g(t)$ 是时间和位置的函数,k 从 0 至 1 范围内变化,它根据优化,体现时间相对于下滑坡的重要性。$k=0$ 即方程相对时间进行优化,$k=1$ 即轨迹相对跟踪能力进行优化。

7.2.3　轨迹优化

定义以下的哈密尔顿方程

$$H = 1 - K + Kg(t) + \lambda_x V\cos\psi + \lambda_y V\sin\psi \tag{7.8}$$

目标运动方程由下式给出

$$\dot{x}_{tg} = V_{tg}\cos\psi_{tg} \tag{7.9}$$

$$\dot{y}_{tg} = V_{tg}\sin\psi_{tg} \tag{7.10}$$

上述表达式中,认为速度与航向在所有时间里永远是常数。因此给飞机一个新的约束条件为

$$\psi(t_f) = \begin{bmatrix} x(t) - x_{tg}(t) \\ y(t) - y_{tg}(t) \end{bmatrix}_{t=t_f} \tag{7.11}$$

对于上述约束条件,哈密尔顿方程应满足

$$H(t_f) = -\boldsymbol{\lambda}^{\mathrm{T}} \left[\frac{\partial \psi}{\partial t} \right] = V_{tg} \left[\lambda_x \cos\psi_{tg} + \lambda_y \sin\psi_{tg} \right]_{t=t_f} \tag{7.12}$$

最优控制的欧拉—拉格朗日由下式给出

$$\dot{\lambda}_x = -\frac{\partial H}{\partial x} \tag{7.13}$$

$$\dot{\lambda}_y = -\frac{\partial H}{\partial y} \tag{7.14}$$

具有最优的条件为

$$\frac{\partial H}{\partial \psi} = 0 \tag{7.15}$$

因此得出如下方程

$$\lambda_x = \lambda_y = \frac{\cos\psi}{\sin\psi} \tag{7.16}$$

由微分方程(7.6)、方程(7.14)与由式(7.15)给出的最优条件一起构成了两点非线性有界值问题,假如代价 λ_x 及 λ_y 的初始条件已知,则上述两点的非线性边界值问题是可解的。

上述求解过程可进一步简化,若变化哈密尔顿不取决于时间,因此有

$$H(t)=0 \qquad 0 \leqslant t \leqslant t_f \tag{7.17}$$

对上式求解,可给出代价值如下

$$\lambda_x = \frac{-(1-K+Kg(t))\cos\psi}{V} \tag{7.18}$$

$$\lambda_y = \frac{-(1-K+Kg(t))\sin\psi}{V} \tag{7.19}$$

当 $t=t_f$ 时,直升机降落在运动物体上的条件可表示成下式,以取代式(7.12)的代价方程

$$H(t_f) = \left[\frac{V_{tg}\left[1-K+Kg(t)\right]\cos(\psi-\psi_{tg})}{V} \right]_{t=t_f} \tag{7.20}$$

由方程(7.15)和方程(7.19),可以找到飞行航向的最优轨迹

$$\dot{\psi} = \frac{\cos\psi\left[K\dot{g}+V^2\right]}{\left[1-K+Kg(t)\right]\sin\psi} \tag{7.21}$$

现考虑第二个最优轨迹变量,即直升机的速度。出现在变化的哈密尔顿中的第二个量 V 是有界的。由下式给出

$$V=V_{\max}, 当 S<0 时 \tag{7.22}$$

$$V=V_{\min}, 当 S>0 时 \tag{7.23}$$

$$V 为奇异的 , 当 S=0 时 \tag{7.24}$$

此处 S 是开关函数,由下式给出

$$S = \frac{\partial H}{\partial V} \tag{7.25}$$

经简化后,可得

$$S = \frac{-(1-K+Kg(t))}{V} \tag{7.26}$$

因为 V 总是正的,因此开关函数的符号由两个数中取一项而决定,而这一项总是小于零,通过界限($0 \leqslant k \leqslant 1, 0 \leqslant g(t)$)可决定。

一旦飞行变量 V 及 ψ 找到,便能跟踪任何着陆轨迹。给出了目标轨迹及着陆于目标上的最终时间与位置,那么利用方程(7.21)及方程(7.24)即能找到优化的轨迹。

7.3　仿真

要求直升机跟踪目标作直线运动轨迹及盘旋运动轨迹。仿真结果表明直升机能跟踪规定的轨迹着陆在目标上。

图 7.2(a)为直升机跟踪目标时在 $X-Y-Z$ 平面中的轨迹,此时目标在 50s 内以恒定的航向速率(0.1rad/s)运动。

直升机跟踪轨迹的优化控制指令显示在图 7.2(b)中。直升机几乎以恒定速度 1m/s 及以航向速率 0.1rad/s 跟踪目标且着陆在运动目标上。下降轨迹是螺旋形的,如图 7.2(b)所示。

图 7.3(a)是目标作直线运动时所显示的直升机运动轨迹,图 7.3(b)是对直升机的控制指令。此时仿真所设置的最大与最小速度分别为 0m/s 及 $\sqrt{2}$ m/s。图中显示出 x 与 y

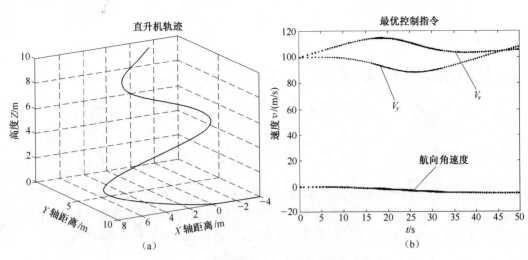

（a）

（b）

图 7.2 直升机着落在目标上的轨迹与指令信号

方向的分量,但速度 $\sqrt{(v_x^2 + v_y^2 + v_z^2)}$ 值经常保持不变。从方程(7.24)可知,这也是所期望的。

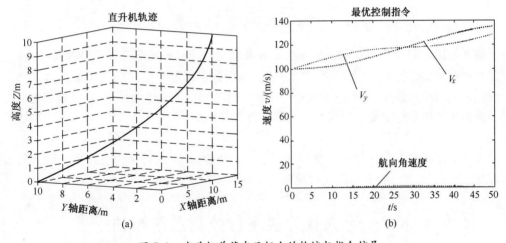

(a)

(b)

图 7.3 直升机着落在目标上的轨迹与指令信号

第八章　无人直升机飞控系统控制律经典设计

8.1　引言

无人直升机飞行轨迹跟踪制导系统的一般结构如图 8.1 所示。由图可知,当实际飞行轨迹与预定飞行轨迹有误差时,误差信号经制导律处理,作用于飞控系统,通过控制飞机的姿态来改变飞行轨迹,不断纠正轨迹误差,从而达到飞行跟踪控制的目的。

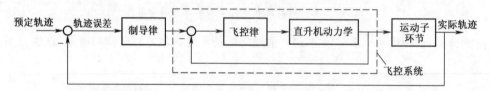

图 8.1　无人直升机轨迹跟踪系统的一般结构

本章运用 PID 经典控制的根轨迹法对直升机飞行控制系统进行了控制律设计,包括俯仰和横滚的姿态控制、航向控制、高度控制、速度控制和悬停空间位置控制。为了验证所设计系统的动态性能,将飞控系统进一步扩充为外回路的轨迹制导系统,以数字仿真验证了该制导系统跟踪螺旋上升的基准轨迹的性能,从而间接验证了所设计的飞控系统的可行性。

本章所完成的 PID 飞控律经典设计方法及其性能验证,这可作为飞控系统设计的基础,以便于与下一章飞控系统的现代控制方法作性能对比。

8.2　无人直升机飞行控制系统结构

图 8.2 为无人直升机飞行控制系统结构配置。

飞行控制系统由四个通道组成,俯仰与滚转姿态系统分别为纵向速度控制系统及侧向速度控制系统的内回路,而纵向及侧向速度控制系统又分别构成位置控制的纵向制导系统和侧向制导系统。总距通道构成高度控制系统或垂直速率控制系统。尾桨通道构成航向角控制系统,在直升机协调转弯中,尾桨控制也作为协调信号,消除直升机侧滑角,使机头的偏转角与航迹偏转角相一致。

8.2.1　无人直升机纵横向姿态控制结构

无人直升机的俯仰与横滚姿态控制是通过纵横向周期变距实现的,纵横向周期变距的改变引起旋翼拉力方向的改变,从而改变直升机力矩,最终改变直升机的姿态。纵横向姿态控制指的是利用垂直陀螺反馈的姿态角信号,进行姿态闭环控制,它是建立在姿态增

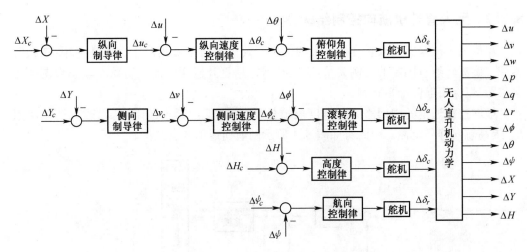

图 8.2　无人直升机飞行控制系统结构

稳控制的基础上的。

由姿态角速率信号(俯仰角速率、横滚角速率、航向角速率)进行角速率反馈的角速率系统,增加系统的阻尼,改善系统的稳定性。

增稳控制是角速率反馈控制,而姿态控制是角位置反馈控制。速率环和位置环的双闭环控制有利于提高系统的动态响应,改善系统的稳定性和控制品质。图 8.3 为纵横向姿态控制原理图。

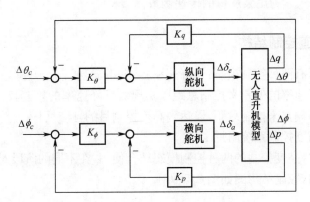

图 8.3　纵横向姿态控制系统结构

以俯仰角控制系统为例,$\Delta\theta_c$ 为俯仰角控制信号,与实际俯仰角 $\Delta\theta$ 比较后,其误差经控制律(此处采用纯比例控制,K_θ 为比例系数处理后),去控制俯仰角速度系统,以一定规律通过舵回路控制升降舵偏转角 $\Delta\delta_e$,最终达到姿态控制的目的。

舵机的传递函数以一阶惯性环节的形式给出

$$G_{act} = \frac{-1}{Ts+1} \tag{8.1}$$

俯仰通道和滚转通道姿态系统控制律为

$$\Delta\delta_e = G_{act\_e}[K_\theta(\Delta\theta_c - \Delta\theta) - K_q\Delta q]$$
$$\Delta\delta_a = G_{act\_a}[K_\phi(\Delta\phi_c - \Delta\phi) - K_p\Delta p] \tag{8.2}$$

8.2.2　无人直升机航向控制结构

　　单旋翼带尾桨式无人直升机尾桨的作用主要是平衡主旋翼产生的旋转力矩,尾桨转速和主旋翼转速有固定的比例关系,所以必须根据直升机当时的飞行状态动态地调整尾桨桨距,以保持航向配平状态。

　　航向控制通道的内回路为角速度反馈控制,增加航向通道的阻尼,以改善荷兰滚阻尼,提高航向静稳定性。因此有如图 8.4 所示的航向通道控制结构。

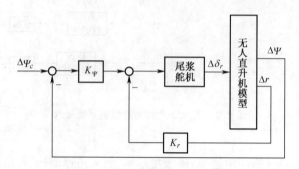

图 8.4　航向控制系统结构图

　　航向通道的控制律为

$$\Delta\delta_r = G_{act\_r}\left[K_\psi(\Delta\psi_c - \Delta\psi) - K_r\Delta r\right] \tag{8.3}$$

式中:$G_{act\_r} = \dfrac{-1}{Ts + 1}$,为尾桨舵机的传递函数。

8.2.3　高度通道控制结构

　　高度控制通道有两种控制模式:升降速率控制和高度控制。升降速率控制以给定升降速率与实际升降速率的偏差来控制总距以实现对升降速率的控制,高度控制则以给定高度和实际高度的偏差来控制总距,以达到高度控制目的,此时引入升降速率反馈回路作为内回路以增加高度控制系统阻尼。

　　在飞行过程中,高度控制的两种控制模式结合使用,在不同的阶段对无人直升机的高度进行相应的控制,控制结构图如图 8.5 所示。

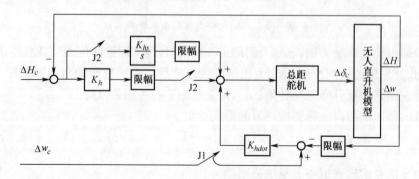

图 8.5　高度控制系统结构图

　　根据实际飞行情况,控制逻辑开关 J1 在实际高度与给定高度差较大时接通,控制逻辑开关 J2 在反馈高度与给定高度差较小时接通,加入积分环节的目的是提高定高控制的稳态精度,抑制高度静差。由于 OZ 轴向下为正,则 Z 正时,ΔH 为负,Z 负值时,ΔH 为正。

高度通道的控制律为

$$\begin{cases} 升降速率控制:\Delta\delta_c = G_{act\_c}K_{hdot}(\Delta w_c - \Delta w) \\ 高度控制:\Delta\delta_c = G_{act\_c}\left[K_h(\Delta H_c - \Delta H) + K_{hs}\displaystyle\int(\Delta H_c - \Delta H)\mathrm{d}t - K_{hdot}\Delta w\right] \end{cases}$$

$$(8.4)$$

式中:$G_{act\_e} = \dfrac{1}{Ts+1}$,为总距舵机的传递函数。

8.2.4 速度控制通道结构

由图 8.2 可知,前飞速度 Δu 的控制和侧飞速度 Δv 的控制必须建立在纵横向姿态控制的基础上。反馈信号为沿机体轴的加速度信号和速度信号。加速度信号可来自线加速度计,而速度信号可由差分 GPS 的地速进行解算得到,也可由大气计算机提供。速度控制通道的结构如图 8.6 所示。

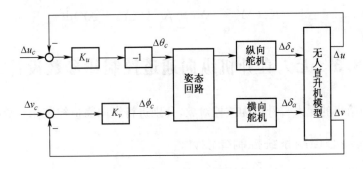

图 8.6 速度控制系统结构

速度控制回路的控制律为

$$\begin{cases} \Delta\theta_c = -K_u(\Delta u_c - \Delta u) \\ \Delta\varphi_c = K_v(\Delta v_c - \Delta v) \end{cases}$$

$$(8.5)$$

8.2.5 悬停控制与轨迹跟踪控制结构

无人直升机的定点控制与轨迹控制属于位置控制,是在速度控制系统的基础上实现的。定点状态是直升机最难控制的一个状态,直升机在小速度下稳定性很差,且容易受阵风和常值风的干扰而偏离预定位置。所谓定点悬停是在直升机具备了增稳控制、姿态控制、速度控制和高度控制的能力的基础上,利用 GPS 的位置反馈信息构成的水平位置闭环控制。不管外界环境的干扰(主要是阵风干扰)如何,直升机都能够自动调整自身的飞行姿态,在一定半径范围内定点悬停。

无人直升机的水平位置控制系统结构如图 8.7 所示。

以纵向位置控制系统为例,ΔX_c 为纵向位置的控制增量,与纵向位置的实际增量值 ΔX 进行比较,其误差经过一定控制律(常采用比例加积分控制,其中 K_x 为比例调节参

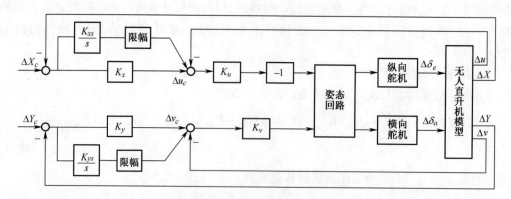

图 8.7　直升机水平位置控制系统结构图

数,K_{xs}为积分调节参数)处理后,成为纵向速度控制通道的给定信号,通过控制无人直升机的俯仰姿态,实现纵向轨迹的控制。

定点控制中俯仰通道和滚转通道控制律为

$$\Delta u_c = K_x(\Delta X_c - \Delta X) + K_{xs}\int(\Delta X_c - \Delta X)\mathrm{d}t$$
$$\Delta v_c = K_y(\Delta Y_c - \Delta Y) + K_{ys}\int(\Delta Y_c - \Delta Y)\mathrm{d}t$$
(8.6)

8.3　无人直升机纵向通道控制律参数设计

以附录中给出的无人直升机为被控对象,分别进行纵向通道控制律参数的设计。

8.3.1　纵向姿态控制系统控制律设计

无人直升机的纵向姿态控制系统设计的结构如图 8.8 所示。

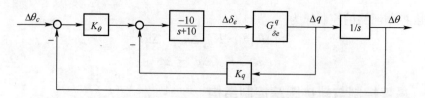

图 8.8　纵向姿态控制系统结构

已知某无人直升机在高度 100m,前飞速度为 5m/s 时的纵向周期变距输入下的俯仰角速率的传递函数为

$$G_{\delta_e}^q = \frac{\Delta q(s)}{\Delta \delta_e(s)} = \frac{-9.8498(s+1.6798)}{s(s^2+2.8585s+2.2389)}$$
(8.7)

采用如下控制律

$$\Delta \delta_e = \frac{10}{s+10}\big[K_\theta(\Delta\theta - \Delta\theta_c) + K_q\Delta q\big]$$
(8.8)

借助根轨迹设计方法,通过配置闭环极点,来选择俯仰姿态控制系统的参数。俯仰姿态控制系统的根轨迹如图 8.9 所示。当选择参数 $K_q = 0.4$,$K_\theta = 1.1$ 时,系统二阶主导极

点 S_1，S_2 的特征值为 $\xi=0.62$，$\omega_n=3.52\text{rad/s}$ 。

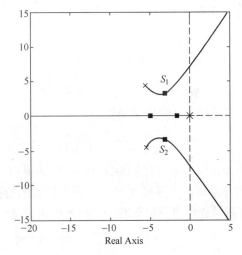

图 8.9　俯仰角控制系统根轨迹图

经计算，俯仰角控制系统的闭环传递函数为

$$G_{\theta_c}^{\theta}=\frac{\Delta\theta}{\Delta\theta_c}=\frac{108.3s+182}{s^4+12.86s^3+70.22s^2+196.9s+182} \tag{8.9}$$

该系统在单位阶跃 θ_c 输入下，俯仰角 $\Delta\theta$ 与纵向周期变距 $\Delta\delta_e$ 的响应曲线如图 8.10 所示。

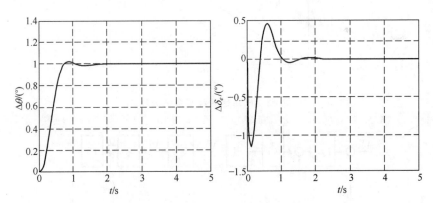

图 8.10　俯仰姿态角闭环控制系统在单位阶跃输入下的响应曲线

仿真表明，$\Delta\theta$ 对 $\Delta\theta_c$ 的跟踪具有较理想的动静态性能，上升时间 $t_r=0.56\text{s}$，调整时间 $t_s=1.38\text{s}$，超调量 $\sigma_p=2.8\%$，$\Delta\delta_e$ 有迅速的动态响应过程。

8.3.2　纵向速度控制系统控制律设计

纵向速度控制是通过控制直升机的俯仰姿态实现的，所以俯仰姿态控制系统是纵向速度控制的内回路，如图 8.11 所示。由于直升机前飞时，速度为正，而前飞要求直升机的姿态前倾，俯仰角为负，故在前向通道中加入负号。

由直升机动力学纵向状态方程可得俯仰角变化引起的速度变化的运动学为

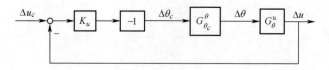

图 8.11　纵向速度控制系统结构

$$\Delta \dot{u} = -0.0415\Delta u - 9.82\Delta \theta \qquad (8.10)$$

从而得到 $\Delta \theta$ 和 Δu 之间的运动学传递函数。

$$G_{\theta}^{u} = \frac{\Delta u(s)}{\Delta \theta(s)} = \frac{-9.82}{s + 0.0415} \qquad (8.11)$$

在式(8.9)的基础上设计纵向速度控制系统,图 8.12 为纵向速度控制系统根轨迹图。当选择 $K_u = 0.12$ 时,闭环系统的主导极点 S_1,S_2 振荡模态的特征值为 $\xi = 0.65$, $\omega_n = 8.52\mathrm{rad/s}$。此时速度控制系统在单位阶跃输入下有如图 8.13 所示的动态响应过程。

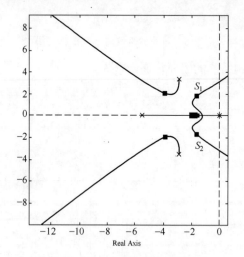

图 8.12　纵向速度控制系统根轨迹

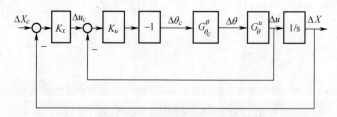

图 8.13　纵向速度控制系统单位阶跃输入下的响应

Δu 对 Δu_c 的响应上升时间 $t_r = 1.37\mathrm{s}$,调整时间 $t_s = 2.94\mathrm{s}$,超调量 $\sigma_p = 9.87\%$,稳态值 $\Delta u_f = 0.966$。俯仰姿态角 $\Delta \theta$ 对 Δu_c 的响应特性良好。若要抑制速度控制系统的稳态误差,可以在速度控制中引入积分控制。

8.3.3　纵向位移控制系统控制律设计

对纵向机体轴 X 的位移控制是在速度控制的基础上实现的,其结构图如图 8.14 所示。

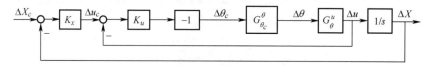

图 8.14 纵向位移控制系统结构

其根轨迹如图 8.15 所示。当选择 K_x 为 0.4 时,对应的单位阶跃输入下的响应如图 8.16 所示。

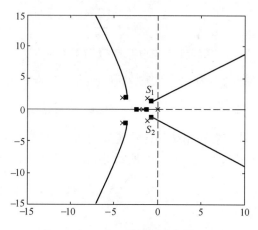

图 8.15 纵向位移控制系统根轨迹

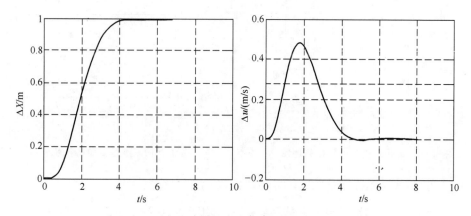

图 8.16 纵向位移控制系统在单位阶跃输入下的响应

ΔX 对 ΔX_c 的响应上升时间 $t_r = 8.12\mathrm{s}$,调整时间 $t_s = 10.94\mathrm{s}$,超调量 $\sigma_p = 0\%$,稳态误差为 0。同时,纵向速度 Δu 对 ΔX_c 的响应也具有理想的动静态特性。

8.4 无人直升机横向通道控制律设计

8.4.1 横向姿态控制系统控制律设计

以附录中的直升机,当飞行高度为 100m,前飞速度为 5m/s 时的动力学线性模型为

被控对象,求得直升机在横向周期变距输入下的各状态的传递函数。此时在横向周期变距输入下的滚转角速率传递函数近似为一阶环节

$$G_{\delta_a}^p = \frac{-97.1301}{s + 5.7020} \tag{8.12}$$

滚转角控制系统的结构如图 8.17 所示。

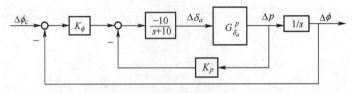

图 8.17 横向姿态控制系统结构

滚转角控制系统的控制律为

$$\Delta\delta_a = \frac{10}{s+10}[K_\phi(\Delta\phi - \Delta\phi_c) + K_p\Delta p] \tag{8.13}$$

作出姿态角速率系统与姿态系统的根轨迹如图 8.18 和图 8.19 所示。当选择 $K_p = 0.2$,$K_\phi = 0.7$ 时,有如图 8.18 和图 8.19 所示的满足阻尼要求的二阶振荡主导极点。

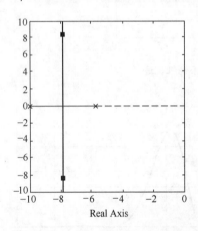

图 8.18 滚转角速率回路根轨迹图

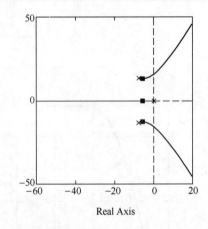

图 8.19 滚转角回路根轨迹图

由此可得,滚转角控制系统的闭环传递函数

$$G_{\phi_c}^\phi = \frac{\Delta\phi(s)}{\Delta\phi_c(s)} = \frac{679.9}{s^3 + 15.7s^2 + 251.3s + 679.9} \tag{8.14}$$

相应的滚转角在单位阶跃指令下的滚转角与横向周期变距响应如图 8.20 所示。

由图 8.20 可知,$\Delta\phi$ 对 $\Delta\phi_c$ 具有较理想的动静态性能,上升时间 $t_r = 0.648\text{s}$,调整时间 $t_s = 1.26\text{s}$,超调量 $\sigma_p = 0$,$\Delta\delta_a$ 能迅速恢复到零。

8.4.2 横向速度控制系统控制律设计

由图 8.2 可知,直升机的横向速度的控制是通过控制直升机的滚转姿态来实现的,滚转姿态的改变导致直升机的旋翼拉力方向的改变,从而引起直升机侧力的改变,以达到侧向位移控制的目的。

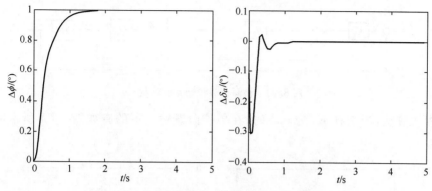

图 8.20 滚转角控制系统在单位阶跃输入下的响应

由直升机的侧向线性模型,可得无人直升机滚转角与横向速度的近似关系为

$$\dot{v} = -0.1271\,v + 9.8\Delta\phi \tag{8.15}$$

从而得到滚转角到横向速度的运动学传递函数

$$G_\phi^v = \frac{\Delta v(s)}{\Delta\phi(s)} = \frac{9.8}{s + 0.1271} \tag{8.16}$$

横向速度控制系统的控制结构如图 8.21 所示。

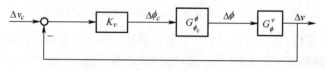

图 8.21 横向速度控制系统结构

当取 $K_v = 0.1$ 时,系统在单位阶跃输入下的横向速度与滚转角响应如图 8.22 所示。

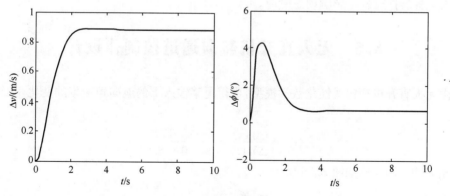

图 8.22 横向速度控制系统单位阶跃输入下的响应

Δv 对 Δv_c 的响应曲线上升时间 $t_r = 1.73\mathrm{s}$,调整时间 $t_s = 2.21\mathrm{s}$,超调量 $\sigma_p = 0$,稳态值 $\Delta v_f = 0.885$,有快速的动态响应。由于上述两系统在控制律中均无积分环节引入,不是一阶无差系统,故对单位阶跃信号存在稳态误差。

8.4.3 横向位移控制系统控制律设计

对机体轴 Y 的横向位移是在横向速度控制的基础上实现的,其结构如图 8.23 所示。

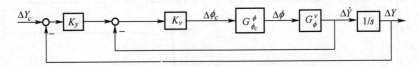

图 8.23　横向位移控制系统结构

由根轨迹法，当选择 K_y 为 0.5 时，在单位阶跃输入下的有如图 8.24 所示的响应过程。

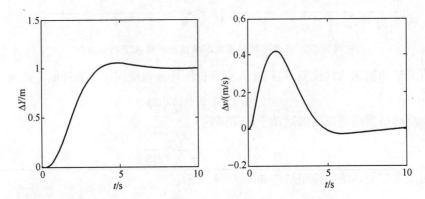

图 8.24　横向位移控制系统在单位阶跃输入下的响应

ΔY 对 ΔY_c 的响应，其上升时间 $t_r = 8.82\mathrm{s}$，调整时间 $t_s = 4.64\mathrm{s}$，超调量 $\sigma_p = 1.37\%$。

通常位置控制采用 PID 的控制形式，根据位置的误差，形成制导指令。由于在实际控制中通常的给出的是地面坐标下的位置指令，经过制导律处理得到地面坐标下的速度指令，必须经过坐标转换的方向余弦得到对应的机体轴下的机体速度控制指令。以上仿真认为坐标转换过程不影响动态响应。

8.5　无人直升机航向通道控制律设计

由无人直升机侧向线性化数学模型，可得尾桨输入下的航向角速率的变化，其传递函数为

$$G_{\delta_r}^r = \frac{\Delta r(s)}{\Delta \delta_r(s)} = \frac{-35.1729}{s + 0.7028} \tag{8.17}$$

相应的控制结构如图 8.25 所示。

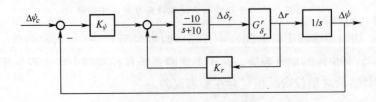

图 8.25　航向控制系统结构

对应的控制律为

$$\Delta\delta_r = \frac{10}{s+10}\big[K_\psi(\Delta\psi - \Delta\psi_c) + K_r \cdot \Delta r\big] \tag{8.18}$$

采用根轨迹设计方法,当选择 $K_r = 0.2, K_\psi = 0.6$ 时,有如图 8.26 和图 8.27 所示的根轨迹图。

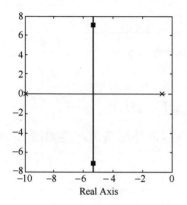

图 8.26　航向角速率回路根轨迹　　　　　　图 8.27　航向角回路根轨迹

在航向角单位阶跃指令输入下的航向角与尾桨距的响应如图 8.28 所示。

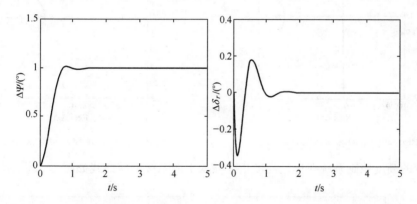

图 8.28　航向角控制系统在单位阶跃输入下的响应曲线

由此得到航向通道的闭环传递函数为

$$G_{\psi_c}^{\psi} = \frac{\Delta\psi(s)}{\Delta\psi_c(s)} = \frac{211}{s^3 + 10.7s^2 + 77.37s + 211} \tag{8.19}$$

$\Delta\psi$ 对 $\Delta\psi_c$ 响应的上升时间 $t_r = 0.56\mathrm{s}$,调整时间 $t_s = 1.2\mathrm{s}$,超调量 $\sigma_p = 1.32\%$,有快速的响应过程。

8.6　总距通道控制律设计

总距通道主要控制直升机的高度,其中垂向速度控制系统为内回路,高度控制系统为外回路。由直升机线性化动力学模型可得,总距输入下的垂向速度传递函数为

$$G_{\delta_c}^{w} = \frac{\Delta w(s)}{\Delta\delta_c(s)} = \frac{-2.1395s - 2.6247}{s^2 + 2.8585s + 2.2389} \tag{8.20}$$

对应的高度控制系统结构如图 8.29 所示。

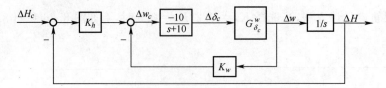

图 8.29   高度控制系统结构

系统的控制律为

$$\Delta \delta_c = \frac{10}{s+10} \left[K_w \Delta w + K_h (\Delta H - \Delta H_c) \right] \tag{8.21}$$

经根轨迹法设计，当选择 $K_w = 0.6, K_h = 1.5$ 时，内外回路的产生如图 8.30 和图 8.31 所示的主导极点。

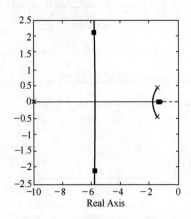

图 8.30   垂向速度回路根轨迹

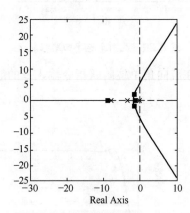

图 8.31   高度控制回路根轨迹

相应的高度控制系统在单位高度指令输入下的系统响应曲线如图 8.32 所示。

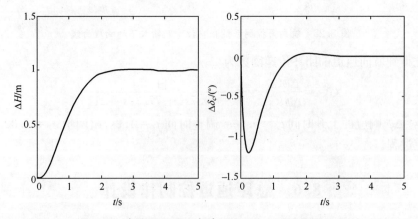

图 8.32   高度控制系统在单位阶跃输入下的系统响应

ΔH 对 ΔH_c 响应的上升时间 $t_r = 1.67\text{s}$，调整时间 $t_s = 2.15\text{s}$，超调量 $\sigma_p = 0.137\%$，稳态误差为 0，$\Delta \delta_c$ 能迅速恢复到零。

8.7　无人直升机轨迹跟踪控制仿真验证

直升机特别是无人直升机在多种场合需要进行全自主飞行,例如执行地面侦察、贴地飞行、编队飞行、执行起降机动飞行等。所谓全自主飞行,即根据既定的任务对已生成的预定轨迹进行自动跟踪,完成精确的轨迹跟踪,这一过程又称为制导。

为了仿真验证本章所开发的多通道飞控系统经典控制律设计的可行性,构建了如图 8.33 所示的轨迹跟踪制导系统。根据飞行任务需求,在地面坐标系中设计一条预定的随时间变化的理想飞行轨迹 $(X_{Ec}(t), Y_{Ec}(t), Z_{Ec}(t))$,它是由实时轨迹生成器完成。由制导系统将实际飞行轨迹 $(X_E(t), Y_E(t), Z_E(t))$ 与预定飞行轨迹进行比较,形成制导误差 $(\Delta X_E, \Delta Y_E, \Delta Z_E)$,经制导律处理,并经坐标转换矩阵 $S_{\theta\psi\phi}$ 将地面坐标系中形成的制导误差转变为机体坐标系中的速度控制信号 $\Delta u_c, \Delta v_c, \Delta w_c$,然后由它去进行速度控制,以不断修正直升机的运动轨迹,以跟踪预定的轨迹剖面。应注意的是,在轨迹控制时,应具有航向协调性能,即要求机头偏转角 $\Delta\psi$ 跟踪航迹偏差角 $\Delta\chi$,从而实现无侧滑飞行($\Delta\beta=0$),因此在轨迹实时生成算法中要根据给定的轨迹,输出当前时刻的航迹角,此航迹角也是直升机要求的航向角。为了构成反馈回路,仍需将机体坐标系中的运动参量通过坐标逆变换 L_E^B 转换为地面坐标系中的参量。图 8.33 中

$$\begin{bmatrix} \Delta u_c \\ \Delta v_c \\ \Delta w_c \end{bmatrix} = L_E^B \begin{bmatrix} \Delta u_{EC} \\ \Delta v_{EC} \\ \Delta w_{EC} \end{bmatrix}, \quad \begin{bmatrix} \Delta X_E \\ \Delta Y_E \\ \Delta Z_E \end{bmatrix} = L_B^E \begin{bmatrix} \Delta X \\ \Delta Y \\ \Delta Z \end{bmatrix} \tag{8.22}$$

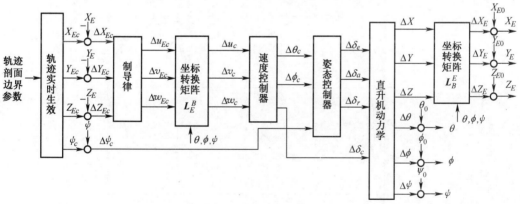

图 8.33　无人直升机轨迹跟踪控制仿真结构

本章将以"8"字形螺旋上升的基准轨迹来验证轨迹控制系统的性能。该基准轨迹的数学模型为

$$\dot{X}_{Ec} = V_c \cos\psi$$

$$\dot{Y}_{Ec} = V_c \sin\psi$$

$$\dot{Z}_{Ec} = -\dot{h}_c \tag{8.23}$$

$$\dot{\psi}_c = r_c$$

当取 $V_c = 5\text{m/s}$, $\dot{h}_c = 1\text{m/s}$, $r_c = 0.25\text{rad/s}\,(0 \leqslant t < 25.13\text{s})$, $r_c = -0.25\text{rad/s}\,(25.13\text{s} \leqslant t < 50.26\text{s})$ 时，三维基准轨迹曲线如图 8.34 所示，图 8.35~图 8.37 中实线所示为轨迹指令的平面曲线、高度曲线和航向曲线，虚线所示为实际跟踪的轨迹、高度、航向角。

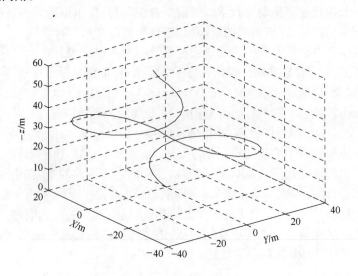

图 8.34　三维基准轨迹

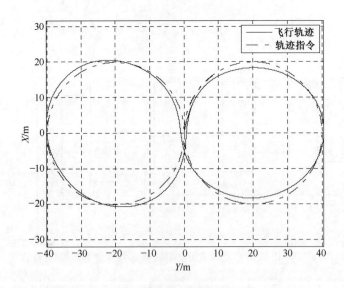

图 8.35　水平面轨迹

由图 8.35 可见，无人直升机在水平面内的"8"字形轨迹与轨迹指令之间略有偏差，主要原因是纵/横运动耦合，但总体上能够跟踪轨迹指令。左半边的圆形跟踪效果比右半边好，这是由于在直升机运动的初始阶段，各状态的变化量比较大，有一个动态跟踪过程。随着飞行控制系统的作用，各状态按照期望的状态变化，表现为良好的跟踪效果。图 8.36 和图 8.37 表明，无人直升机的高度跟踪和航向有满意的跟踪效果。

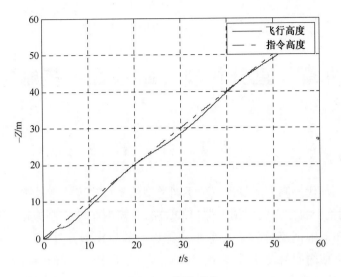

图 8.36　高度响应

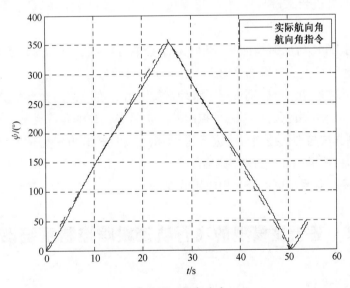

图 8.37　航向响应

综合以上各节可知,运用经典控制方法设计的飞行控制系统,自身有优良的控制性能,但由于多通道间的互相耦合等因素,在执行轨迹控制时,存在一定的不令人满意的效果,学者们力图以现代控制方法以弥补经典控制的某些缺陷与不足。

第九章　直升机轨迹跟踪现代控制方法

9.1　引　　言

本章将运用现代控制方法设计三种不同类型的飞行轨迹控制系统。

首先,采用基于线性二次型调节器(LQR)的显模型跟踪控制方法,设计了直升机机体速度及航向角的解耦控制系统,使它们跟踪各自的显模型并具有优良的动态跟踪特性与稳态性能。完成内回路设计后,采用 PID 控制方法设计了制导系统(外回路)。

其次,采用具有指令预估器的 LQR 方法。根据实际轨迹与轨迹指令的误差,预估器估算出期望的直升机状态量与控制量,再通过状态反馈,跟踪期望轨迹的状态量与控制量,从而实现对轨迹指令的跟踪控制。

第三,采用 LQR 与反馈线性化(FLC)相结合的方法,先通过 LQR 实现无人直升机的增稳,再通过 FLC 方法对增稳后的无人直升机设计轨迹控制系统。

三种飞行轨迹控制系统分别进行了跟踪螺旋上升基准轨迹的数字仿真,并且在直升机模型参数摄动±20%的条件下,三种控制系统仍具有优良的跟踪性能及解耦性能。最后,将经典控制方法与现代控制方法进行比较,指出现代控制方法更适合于多输入/多输出系统的设计,讲述了四种飞行轨迹控制系统的工程应用价值,并提出基于显模型的无人直升机飞行轨迹控制系统更适合工程应用的观点。

9.2　基于显模型的飞行轨迹跟踪控制系统设计

9.2.1　控制器设计

内回路为显模型跟踪系统的轨迹跟踪控制系统的结构如图 9.1 所示。内回路飞控系统的任务是要实现对直升机三机体轴速度以及航向角的控制,采用基于 LQR 的显模型跟踪控制方法,以实现对机体轴速度及航向角的指令跟踪及通道间的解耦。

假设直升机的线性动力学模型为

$$\dot{x}_p = A_p x_p + B_p u_p$$
$$y_p = C_p x_p$$

(9.1)

式中：A_p 为 $9×9$ 的动力学状态矩阵；B_p 为 $9×4$ 的控制矩阵；C_p 阵为 $4×9$ 的输出矩阵。状态矢量 $x_p = [\Delta u \quad \Delta v \quad \Delta w \quad \Delta p \quad \Delta q \quad \Delta r \quad \Delta \phi \quad \Delta \theta \quad \Delta \psi]^T$,控制矢量 $u_p = [\Delta \delta_e \quad \Delta \delta_a \quad \Delta \delta_p \quad \Delta \delta_c]^T$,输出矢量 $y_p = [\Delta u \quad \Delta v \quad \Delta w \quad \Delta \psi]^T$。

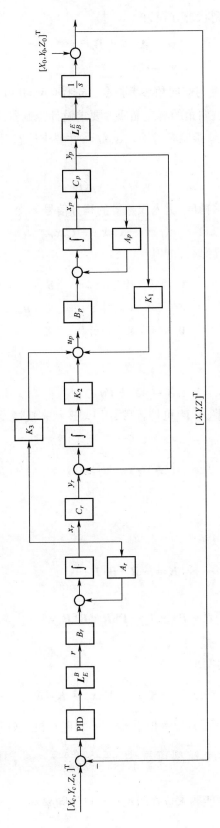

图 9.1　无人直升机内回路显模型跟踪控制结构配置

假定直升机要跟踪的模型状态方程为

$$\dot{x}_r = A_r x_r + B_r r$$
$$y_r = C_r x_r \tag{9.2}$$

式中: r 表示直升机的三轴速度与航向角参考指令。选择(A_r, B_r)可控且稳定,其值决定了直升机内回路三轴速度与航向角的响应品质。要求设计控制器使得直升机闭环系统稳定,且控制对象输出 $y_p(t)$ 能够跟踪参考输入 $y_r(t)$,并要求稳态误差为零。

首先定义输出误差

$$e(t) = y_r(t) - y_p(t) \tag{9.3}$$

为了提高系统的稳态跟踪精度,引入误差量的积分信号 z,令

$$\dot{z}(t) = e(t) = -C_p x_p + C_r x_r \tag{9.4}$$

由式(9.1)、式(9.2)和式(9.4),可得

$$\begin{bmatrix} \dot{x}_p \\ \dot{z} \\ \dot{x}_r \end{bmatrix} = \begin{bmatrix} A_p & 0 & 0 \\ -C_p & 0 & C_r \\ 0 & 0 & A_r \end{bmatrix} \begin{bmatrix} x_p \\ z \\ x_r \end{bmatrix} + \begin{bmatrix} B_p \\ 0 \\ 0 \end{bmatrix} u_p \tag{9.5}$$

式(9.5)简写成

$$\dot{X} = AX + Bu_p \tag{9.6}$$

对于式(9.6)的系统,如果(A, B)可控,可采用 LQR 状态反馈设计控制阵。选择性能指标函数为

$$J = \frac{1}{2} \int (X^T Q X + u_p^T R u_p) \mathrm{d}t \tag{9.7}$$

则反馈控制为

$$u_p = KX \tag{9.8}$$

其中反馈增益阵 K 为

$$K = -R^{-1} B^T P \tag{9.9}$$

P 为代数黎卡提方程

$$A^T P + PA + Q - PBR^{-1} B^T P = 0 \tag{9.10}$$

的解。其中 $Q \geqslant 0$, $R > 0$。

根据式(9.5)及式(9.8)可写成

$$u_p = KX = K_1 x_p + K_2 z + K_3 x_r = K_1 x_p + K_2 \int e(t) \mathrm{d}t + K_3 x_r \tag{9.11}$$

直升机内回路飞行控制系统的参考模型输入 r 为直升机三轴速度与航向角基准指令,通常一个通道的指令参考模型可选为 $\dfrac{\omega_n^2}{s^2 + 2\xi\omega_n s + \omega_n^2}$,其状态空间阵 $A_{r1} = \begin{bmatrix} 0 & 1 \\ -2\xi\omega_n & -\omega_n^2 \end{bmatrix}$,根据响应性能要求选择阻尼 ξ 与自然频率 ω_n。

9.2.2 仿真与分析

为验证直升机的内回路飞行控制系统的性能,选择速度为 5m/s,高度为 100m 的无人直升机线性模型为被控对象进行系统设计与仿真。四个通道的参考模型中的参数为 $\xi=0.707, \omega_n=1\mathrm{rad/s}$。 其线性状态方程由式(9.1)表示,其中的状态矩阵与控制矩阵分别为

$$
A_p = \begin{bmatrix}
-0.0415 & -0.1699 & 0.0202 & -0.5831 & 1.1645 & -0.0008 & 0 & -9.8010 & 0 \\
0.0290 & -0.1271 & 0.0295 & -1.1618 & -0.5883 & -4.8366 & 9.8 & 0 & 0 \\
-0.4184 & -0.0004 & -1.6902 & 0.0020 & 5.0030 & 0 & 0 & -0.4932 & 0 \\
-0.1492 & 0.0930 & 0.0020 & -5.7020 & -2.8866 & -0.2734 & 0 & 0.0063 & 0 \\
0.0344 & 0.1703 & -0.0528 & 0.5847 & -1.1683 & -0.0000 & 0 & -0.1363 & 0 \\
-0.2660 & 0.3572 & -0.1613 & -0.6297 & -0.3162 & -0.7028 & 0 & 0.0010 & 0 \\
0 & 0 & 0 & 1 & 0.0002 & -0.0038 & 0 & 0 & 0 \\
0 & 0 & 0 & 0 & 0.9991 & 0.0431 & 0 & 0 & 0 \\
0 & 0 & 0 & 0 & -0.0431 & 0.9991 & 0 & 0 & 0
\end{bmatrix}
$$

$$
B_p = \begin{bmatrix}
9.8175 & 0 & 0 & 1.1042 \\
0.0098 & 19.7950 & 8.1782 & 0.4867 \\
-1.9361 & 0 & 0 & -122.5922 \\
0.0797 & 97.1301 & -13.6805 & 3.6684 \\
-9.8498 & 0 & 0 & -1.4339 \\
0.0350 & 10.7056 & -35.1729 & 0.4082 \\
0 & 0 & 0 & 0 \\
0 & 0 & 0 & 0 \\
0 & 0 & 0 & 0
\end{bmatrix}
$$

经反复调整,取权值矩阵为

$$Q_{21\times21} = \mathrm{diag}(1,1,1,0.0001,0.0001,0.0001,0.0001,0.0001,1,100,100,100,100,0,1,0,1,0,1,0,1);$$

$$R_{4\times4} = \mathrm{diag}(100,100,100,100,100)$$

其中 diag(·)代表对角阵,括号内的数据为对角线上元素。

根据式(9.8)~式(9.11),通过计算,可得到控制阵 K_1、K_2 和 K_3,具体数值参见附录。

对图 9.1 所示的系统,当分别输入三轴速度与航向角单位阶跃指令时,系统响应如图9.2 所示。

由图 9.2 仿真曲线可知,$\Delta u, \Delta v, \Delta w, \Delta \psi$ 对指令有优良的跟踪性能,并实现了四通道间的解耦,即内回路具有优良的对显模型的动态跟踪性能及各通道间的解耦性能。在此基础上设计了如下的外回路制导律。

$$\Delta u_{Ec} = \left(K_X + K_{XD}s + \frac{K_{XI}}{s}\right)\Delta X$$

$$\Delta v_{Ec} = \left(K_Y + K_{YD}s + \frac{K_{YI}}{s}\right)\Delta Y \qquad (9.12)$$

$$\Delta w_{Ec} = \left(K_Z + K_{ZD}s + \frac{K_{ZI}}{s}\right)\Delta Z$$

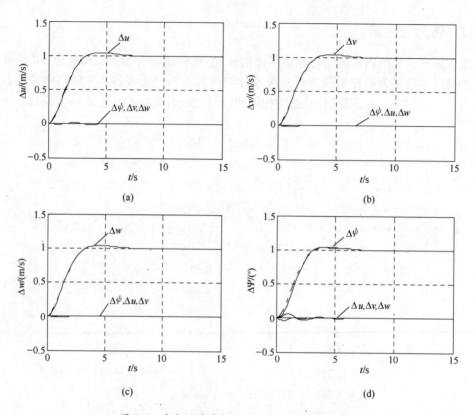

图9.2　各机体速度控制系统及航向通道的响应

(a)前飞速度单位阶跃输入;(b)侧飞速度单位阶跃输入;(c)垂向速度单位阶跃输入;(d)航向角单位阶跃输入。

式中，$K_X=0.4$，$K_{XD}=0.25$，$K_{XI}=0.01$；$K_Y=0.3$，$K_{YD}=0.23$，$K_{YI}=0.01$；$K_Z=0.41$，$K_{ZD}=0.2$，$K_{ZI}=0.01$。

　　同样采用第八章的"8"字形基准轨迹，以验证基于显模型的无人直升机飞行轨迹控制系统的性能。图9.3为地面坐标系XY平面内的轨迹跟踪响应，图9.4、图9.5分别为高度与航向角跟踪响应。

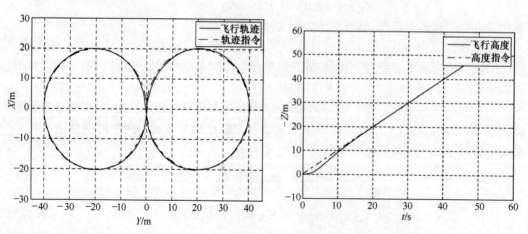

图9.3　基于显模型控制系统的水平面轨迹跟踪性能　　　图9.4　基于显模型控制的高度跟踪性能

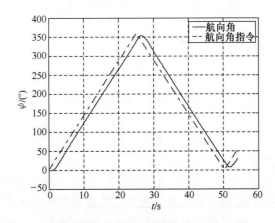

图 9.5　基于显模型控制的航向角跟踪性能

由图 9.3 和图 9.4 可知,直升机精确地跟踪了 XY 平面内的轨迹,也精确地跟踪了飞行高度轨迹指令。图 9.5 表明实际航向角跟踪了航向角指令,存在一定的稳态误差,这是由于输入指令是斜坡型的,而制导律仅为一个积分环节。

以上仿真结果表明,系统具有优良的解耦性能。这是由于内回路四个通道的显模型是线性解耦模型,通过控制律设计,又使各通道直接跟踪各自的显模型,使得通道间具有解耦的性能。另外,当一个通道操纵时其他通道处于镇定状态,由操纵通道耦合至正定通道的气动耦合可视作"干扰",而良好的镇定系统本身就具有抑制干扰的能力。

9.3　具有指令预估器的飞行轨迹跟踪控制系统设计

具有指令预估器的飞行轨迹控制系统的设计机理是根据轨迹的跟踪误差,通过预估器预估无人直升机跟踪预定轨迹期望时的状态量与控制量,然后通过状态反馈控制器实现对状态指令与控制指令的跟踪。

飞行轨迹控制系统主要由预估器、全状态反馈控制器和无人直升机组成,如图 9.6 所示。

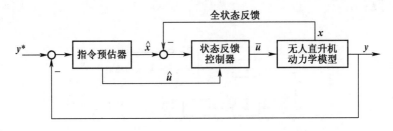

图 9.6　具有指令预估器的飞行轨迹控制系统结构配置

设直升机的线性动力学模型为

$$\dot{x} = Ax + B\bar{u}$$
$$y = Cx$$

(9.13)

式中:A 为 12×12 的动力学状态矩阵,B 为 12×4 的控制矩阵,C 为 4×12 的输出矩阵,状态矢量为

$$x = \begin{bmatrix} \Delta u & \Delta v & \Delta w & \Delta p & \Delta q & \Delta r & \Delta \phi & \Delta \theta & \Delta \psi & \Delta X_E & \Delta Y_E & \Delta Z_E \end{bmatrix}^T$$

控制矢量为

$$\bar{u} = \begin{bmatrix} \Delta \delta_e & \Delta \delta_a & \Delta \delta_p & \Delta \delta_c \end{bmatrix}^T$$

输出矢量为

$$y = \begin{bmatrix} \Delta X_E & \Delta Y_E & \Delta Z_E & \Delta \psi \end{bmatrix}^T$$

9.3.1　预估器设计

根据轨迹误差,预估器估算出无人直升机跟踪预定轨迹所要求的状态量和控制量。假定预定轨迹为 y^*,则存在期望的状态量 x^* 和控制量 u^*,满足

$$\begin{cases} \dot{x}^* = Ax^* + Bu^* \\ y^* = Cx^* \end{cases} \tag{9.14}$$

定义向量

$$X^* = \begin{bmatrix} x^* & u^* \end{bmatrix}^T \tag{9.15}$$

对式(9.15)求导,并写成和式(9.14)相似的形式

$$\begin{cases} \dot{X}^* = A_o X^* + B_o \dot{u}^* \\ y^* = C_o X^* \end{cases} \tag{9.16}$$

其中,$A_o = \begin{bmatrix} A & B \\ 0 & 0 \end{bmatrix}$,$B_o = \begin{bmatrix} 0 \\ I \end{bmatrix}$,$C_o = \begin{bmatrix} C & 0 \end{bmatrix}$,$0$ 为空矩阵,I 为单位矩阵。所设计的预估器的结构图如图 9.7 所示,数学表达式为

$$\begin{cases} \dot{\hat{X}} = A_o \hat{X} + LC_o(X^* - \hat{X}) \\ \hat{y} = C_o \hat{X} \end{cases} \tag{9.17}$$

式中:$\hat{X} = \begin{bmatrix} \hat{x} & \hat{u} \end{bmatrix}^T$,$\hat{x}$ 为期望状态量的估计值,$\hat{u}$ 为期望控制量的估计值,L 为观测器的增益,且 $L = \begin{bmatrix} L_1 & L_2 \end{bmatrix}^T$。

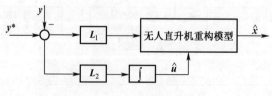

图 9.7　预估器结构

定义期望值和估计值之间的差值为估计误差 E,即

$$E = X^* - \hat{X} = \begin{bmatrix} x^* - \hat{x} \\ u^* - \hat{u} \end{bmatrix} \tag{9.18}$$

对式(9.18)求导,并将式(9.16)和式(9.17)代入,可得预估器误差方程

$$\dot{E} = (A_o - LC_o)E + B\dot{u}^*\qquad(9.19)$$

根据线性系统理论,$(A_o - LC_o)$的极点任意配置的充要条件是(A_o, C_o)完全可观测。经式(9.20)检验,(A_o, C_o)完全可观测。

$$\mathrm{rank}\,[C_o^T, A_o^T C_o^T, \cdots, (A_o^{15})^T C_o^T]^T = 16\qquad(9.20)$$

依据 LQR 控制律,设计预估器增益

$$L = P_o C_o^T R_o^{-1}\qquad(9.21)$$

其中,P_o是黎卡提微分方程

$$PA_o^T + A_o P - PC_o^T R_o^{-1} C_o P + Q_o = 0\qquad(9.22)$$

的非负定解。式中$Q_o \geqslant 0, R_o > 0$。

由式(9.21)和式(9.22)求得的预估器增益 L 能够任意配置$(A_o - LC_o)$的特征根,使式(9.19)表示的误差系统稳定并收敛,求得的$\dot{x}$和$\dot{u}$是最优跟踪状态和控制量。

9.3.2 状态反馈控制器设计

预估器估算出的状态量和控制量作为状态反馈控制器的基准输入,将直升机的实际状态量进行全状态反馈,对实际状态和参考状态的偏差使用 LQR 控制,使实际状态保持在基准状态附近。由上一节知道,基准状态是跟踪预定轨迹的最优状态量,亦即,若实际状态保持在最优跟踪状态量附近,那么实际轨迹也能较精确的跟踪预定轨迹。

定义实际状态量和期望状态量之间的误差为

$$\tilde{x} = x - x^*\qquad(9.23)$$

实际操纵量和期望控制量之间的误差为

$$\tilde{u} = \bar{u} - u^*\qquad(9.24)$$

对式(9.23)求导,代入式(9.13)、式(9.14)和式(9.24),可得

$$\dot{\tilde{x}} = A\tilde{x} + B\tilde{u}\qquad(9.25)$$

为提高系统的稳态跟踪精度,引入输出量偏差的积分信号,记作 z,有

$$\dot{z} = y - y^* = C(x - x^*) = C\tilde{x}\qquad(9.26)$$

取新的状态变量为

$$X = [z \quad \tilde{x}]^T\qquad(9.27)$$

对式(9.27)求导,则增广系统方程可表示成

$$\dot{X} = \begin{bmatrix} \dot{z} \\ \dot{\tilde{x}} \end{bmatrix} = \begin{bmatrix} 0 & C \\ 0 & A \end{bmatrix} \begin{bmatrix} z \\ \tilde{x} \end{bmatrix} + \begin{bmatrix} 0 \\ B \end{bmatrix} \tilde{u} = A_c X + B_c \tilde{u}\qquad(9.28)$$

对式(9.28)表示的系统,运用 LQR 控制律

$$\tilde{u} = -KX\qquad(9.29)$$

其中$K = [K_I \quad K_P]$。式(9.28)可改写成

$$\dot{X} = (A_c - B_c K)X\qquad(9.30)$$

$(A_c - B_cK)$的极点任意配置的充要条件是(A_c, B_c)完全可控,经检验(A_c, B_c)完全可控。设计反馈增益K

$$K = R_c^{-1}B_c^{\mathrm{T}}P_c \tag{9.31}$$

P_c满足黎卡提方程

$$PA_c + A_c^{\mathrm{T}}P - PB_cR_c^{-1}B_c^{\mathrm{T}}P + Q_c = 0 \tag{9.32}$$

式中:$Q_c \geqslant 0, R_c > 0, P_c$有唯一的非负定解。

反馈增益K决定了$(A_c - B_cK)$的极点,因而决定了输出量和状态量偏差的衰减速度,由式(9.31)和式(9.32)求得的反馈增益K,可以使偏差迅速消失。

根据式(9.23)、式(9.24)和式(9.27)、式(9.29)可改写成

$$\bar{u} = u^* - K_Iz + K_Px^* - K_Px \tag{9.33}$$

在系统中,预估器估算出的状态量$\hat{x}$和控制量$\hat{u}$替代期望值作为状态反馈控制器的输入,控制器的结构如图9.8,将式(9.33)中的期望值全部用估计值代替,得

$$\bar{u} = \hat{u} - K_I\hat{z} + K_P\hat{x} - K_Px \tag{9.34}$$

式中:$\dot{z}$是$\dot{z} = y - \hat{y} = C(x - \hat{x})$的积分。

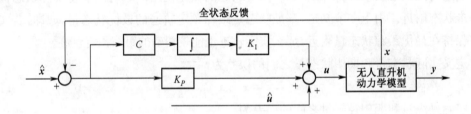

图9.8　状态反馈控制器的结构

将式(9.34)和式(9.24)代入式(9.28),得

$$\dot{x} = A_cX + B_c(\hat{u} - K_I\hat{z} + K_P\hat{x} - K_Px - u^*) \tag{9.35}$$

对式(9.35)进行变换,可改写成

$$\dot{X} = (A_c - B_cK)X + \begin{bmatrix} B_cK_P & B_c \end{bmatrix} \cdot \begin{bmatrix} \hat{x} - x^* \\ \hat{u} - u^* \end{bmatrix} + B_cK_I(z - \hat{z}) \tag{9.36}$$

为简化方程,令$\varepsilon = z - \hat{z}$,则

$$\dot{\varepsilon} = \begin{bmatrix} -C & 0 \end{bmatrix} \cdot E \tag{9.37}$$

由式(9.19)、式(9.36)和式(9.37),得到如下状态方程

$$\begin{bmatrix} \dot{X} \\ \dot{E} \\ \dot{\varepsilon} \end{bmatrix} = \begin{bmatrix} A_c - B_cK & -\begin{bmatrix} B_cK_P & B_c \end{bmatrix} & B_cK_I \\ 0 & A_0 - LC_0 & 0 \\ 0 & \begin{bmatrix} -C & 0 \end{bmatrix} & 0 \end{bmatrix} \cdot \begin{bmatrix} X \\ E \\ \varepsilon \end{bmatrix} + \begin{bmatrix} 0 \\ B_o \\ 0 \end{bmatrix} \cdot \dot{u}^* \tag{9.38}$$

由式(9.38)可知,预估器误差方程是独立的,与跟踪误差无关,可以分别对预估器增益L和反馈控制器的增益K进行设计。两者组合的系统特征值由$(A_o - LC_o)$和$(A_c - B_c$

K)组成,组合系统各部分的性能和稳定性也会保持。在输入 $\dot{u}^*$ 有界的情况下,通过适当选择 L 和 K,可以保证系统动静态性能稳定。

9.3.3 仿真与分析

由式(9.16)可知,预估器的权值矩阵 Q_o 对应的是 $\boldsymbol{X}^* = [\boldsymbol{x}^* \ \boldsymbol{u}^*]^{\mathrm{T}}$,权值矩阵 $\boldsymbol{R}_o$ 对应的是 $\dot{u}^*$;由式(9.28)可知,权值矩阵 Q_c 对应的是 $\boldsymbol{X} = [\boldsymbol{z} \ \tilde{\boldsymbol{x}}]^{\mathrm{T}}$,$\boldsymbol{R}_c$ 对应的是 $\tilde{u} = u - u^*$,则 Q_o 和 Q_c 都是 16×16 的矩阵,而 $\boldsymbol{R}_o$ 和 $\boldsymbol{R}_c$ 是 4×4 的矩阵。经反复调整,各权值矩阵值为

$Q_o = \mathrm{diag}(1,\ 1,\ 1,\ 1,\ 1,\ 1,\ 1,\ 1,\ 1,\ 1,\ 1,\ 1,\ 1,\ 1,\ 1,\ 1)$;

$\boldsymbol{R}_o = 0.01 \times \mathrm{daig}(1,\ 1,\ 1,\ 1)$;

$Q_c = \mathrm{daig}(1,\ 1,\ 1,\ 1,\ 1,\ 1,\ 1,\ 1,\ 1,\ 1,\ 1,\ 1,\ 1,\ 1,\ 1,\ 1)$;

$\boldsymbol{R}_c = 8 \times \mathrm{diag}(1000,\ 1000,\ 1000,\ 1000)$。

将以上设计的 Q_o、$\boldsymbol{R}_o$、Q_c 和 $\boldsymbol{R}_c$ 代入到图 9.6 所示的控制系统中,同样采用 3.6 节的基准轨迹,验证系统的性能。图 9.9 显示 XY 平面内的轨迹跟踪性能,图 9.10、图 9.11 分别为高度与航向角跟踪响应。

由图 9.9~图 9.11 可见,当选取合适的权值矩阵,实际轨迹与预定轨迹几乎完全重

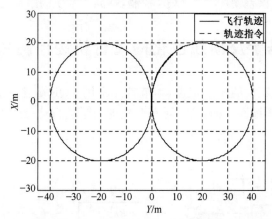

图 9.9 具有指令预估器的控制系统对水平面轨迹的跟踪性能

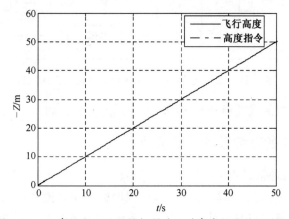

图 9.10 具有指令预估器的控制系统对高度轨迹的跟踪性能

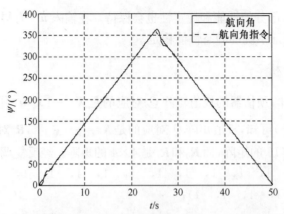

图 9.11　具有指令预估器的控制系统对航向角的跟踪性能

合,控制系统具有优良的动态跟踪性能和解耦性能。在飞行控制过程中,预估器实现了跟踪预定轨迹期望的状态量和控制量,由 LQR 控制律设计方法所预估的增益,使误差方程稳定并收敛;根据状态指令与直升机实际状态量的偏差,并对输出量偏差进行积分,使用 LQR 控制,使直升机实际状态保持在参考状态附近。由此建立的"两级跟踪"控制结构,在一个控制周期内对误差使用两次 LQR 控制,提高了系统的跟踪性能。

9.4　基于反馈线性化的飞行轨迹控制系统设计

针对直升机自然特性的不稳定性,本节首先采用 LQR 方法对直升机不稳定模态进行镇定,然后采用反馈线性化的方法,对直升机动力学进行近似线性化处理,再运用 PID 控制方法设计外回路制导系统。系统结构如图 9.12 所示。

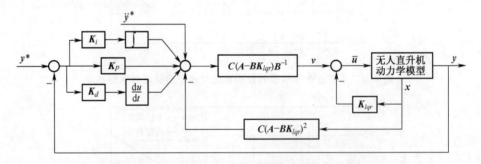

图 9.12　基于反馈线性化的飞行轨迹控制系统结构

图中,无人直升机的线性模型与式(9.13)表示的模型相同。

9.4.1　基于 LQR 的飞控系统镇定设计

由于自然直升机通常是不稳定的,表现为其动力学模型具有不稳定的极点,在内回路采用 LQR,配置直升机动力学模型的极点,实现增稳控制。使系统状态保持在平衡状态附近,这属于状态调节器问题。对于线性定常系统,任何平衡状态通过线性变换均可转化为零状态。状态调节器问题的性能指标可写成

$$J = \frac{1}{2} \int_{t_0}^{t_f} \left[\boldsymbol{x}^{\mathrm{T}}(t)\boldsymbol{Q}(t)\boldsymbol{x}(t) + \boldsymbol{u}^{\mathrm{T}}(t)\boldsymbol{R}(t)\boldsymbol{u}(t) \right]\mathrm{d}t + \frac{1}{2}\boldsymbol{x}^{\mathrm{T}}(t_f)\boldsymbol{Q}_N(t)\boldsymbol{x}(t_f) \quad (9.39)$$

LQR 控制律为

$$\bar{\boldsymbol{u}} = -\boldsymbol{K}_{lqr}\boldsymbol{x} \quad\quad\quad (9.40)$$

反馈增益 $\boldsymbol{K}_{lqr}$ 为

$$\boldsymbol{K}_{lqr} = \boldsymbol{R}^{-1}\boldsymbol{B}^{\mathrm{T}}\boldsymbol{P} \quad\quad\quad (9.41)$$

$\boldsymbol{P}$ 是黎卡提方程唯一的非负定解。

$$\boldsymbol{PA} + \boldsymbol{A}^{\mathrm{T}}\boldsymbol{P} - \boldsymbol{PBR}^{-1}\boldsymbol{B}^{\mathrm{T}}\boldsymbol{P} + \boldsymbol{Q} = 0 \quad\quad\quad (9.42)$$

式中,$\boldsymbol{Q} \geqslant 0, \boldsymbol{R} > 0, \boldsymbol{Q}$ 和 $\boldsymbol{R}$ 分别是状态量 $\boldsymbol{x}$ 和控制量 $\bar{\boldsymbol{u}}$ 的权值矩阵。

由此得到最优性能指标为

$$J^* = \frac{1}{2}\boldsymbol{x}^{\mathrm{T}}(t_0)\boldsymbol{P}(t_0)\boldsymbol{x}(t_0) \quad\quad\quad (9.43)$$

最优状态 $x*(t)$ 是下列微分方程的解

$$\dot{\boldsymbol{x}} = (\boldsymbol{A} - \boldsymbol{BR}^{-1}\boldsymbol{B}^{\mathrm{T}}\boldsymbol{P})\boldsymbol{x} = (\boldsymbol{A} - \boldsymbol{BK}_{lqr})\boldsymbol{x}, \quad\quad \boldsymbol{x}(t_0) = \boldsymbol{x}_0 \quad\quad (9.44)$$

反馈增益 $\boldsymbol{K}_{lqr}$ 决定了 $(\boldsymbol{A}\text{-}\boldsymbol{BK}_{lqr})$ 的极点,要求系统的特征值全部被配置到 s 平面的左半平面。由式(9.41)和式(9.42)求得的 $\boldsymbol{K}_{lqr}$ 可使直升机的状态迅速收敛且稳定。

9.4.2　基于反馈线性化的制导系统轨迹跟踪设计

在内回路的基础上,对直升机的全部状态运用 FLC 方法,进行状态转换。首先对系统输出的显式方程连续求导,以得到控制输入的显式表达式。FLC 最初使用于非线性控制领域,是一种解耦、对非线性进行线性化的方法。其次是通过变换系统输入—输出关系表达式,得到系统输入的显式微分方程,再设计状态反馈控制律,以实现用线性控制器对系统进行控制。其具体方法如下。

首先引入辅助输入矢量 $\boldsymbol{v}$,有如下关系

$$\bar{\boldsymbol{u}} = \boldsymbol{v} - \boldsymbol{K}_{lqr}\boldsymbol{x} \quad\quad\quad (9.45)$$

系统线性模型变为

$$\begin{cases} \dot{\boldsymbol{x}} = (\boldsymbol{A} - \boldsymbol{BK}_{lqr})\boldsymbol{x} + \boldsymbol{Bv} \\ \boldsymbol{y} = \boldsymbol{Cx} \end{cases} \quad\quad\quad (9.46)$$

然后求 y 的一阶微分

$$\dot{\boldsymbol{y}} = \boldsymbol{C}\dot{\boldsymbol{x}} = \boldsymbol{C}(\boldsymbol{A} - \boldsymbol{BK}_{lqr})\boldsymbol{x} + \boldsymbol{CBv} = \boldsymbol{C}(\boldsymbol{A} - \boldsymbol{BK}_{lqr})\boldsymbol{x} \quad\quad (9.47)$$

式中:$\boldsymbol{B}$ 为输入矩阵,$\boldsymbol{C}$ 为输出矩阵,$\boldsymbol{CB}$ 是空矩阵,$\boldsymbol{v}$ 并没有出现在微分方程(9.47)中。需进一步求 $\boldsymbol{y}$ 的二阶微分

$$\ddot{\boldsymbol{y}} = \boldsymbol{C}(\boldsymbol{A} - \boldsymbol{BK}_{lqr})\dot{\boldsymbol{x}} = \boldsymbol{C}(\boldsymbol{A} - \boldsymbol{BK}_{lqr})^2\boldsymbol{x} + \boldsymbol{C}(\boldsymbol{A} - \boldsymbol{BK}_{lqr})\boldsymbol{Bv} \quad\quad (9.48)$$

经检验 $\boldsymbol{C}(\boldsymbol{A} - \boldsymbol{BK}_{lqr})\boldsymbol{B}$ 为满秩矩阵,则可逆,$\boldsymbol{v}$ 可以表示成如下形式

$$\boldsymbol{v} = \left[\boldsymbol{C}(\boldsymbol{A} - \boldsymbol{BK}_{lqr})\boldsymbol{B}\right]^{-1} \cdot \left[\ddot{\boldsymbol{y}} - \boldsymbol{C}(\boldsymbol{A} - \boldsymbol{BK}_{lqr})^2\boldsymbol{x}\right] \quad\quad (9.49)$$

令

$$\ddot{\boldsymbol{y}} = \boldsymbol{K}_p(\boldsymbol{y}^* - \boldsymbol{y}) + \boldsymbol{K}_i\int(\boldsymbol{y}^* - \boldsymbol{y})\mathrm{d}t + \boldsymbol{K}_d(\dot{\boldsymbol{y}}^* - \dot{\boldsymbol{y}}) + \ddot{\boldsymbol{y}}^* \quad\quad (9.50)$$

其中预定轨迹和实际轨迹的偏差 $e = y^* - y$,上式可改写成

$$K_p e + K_i \int e \mathrm{d}t + K_d \dot{e} + \ddot{e} = 0 \tag{9.51}$$

由此可见,适当选择 K_p, K_i, K_d,能够使 $e \rightarrow 0$,也就是说实际轨迹准确的跟踪预定轨迹。本章将 K_p, K_i, K_d 取作正定对角阵,其作用是对系统输出进行解耦,使系统输出的各分量可以相互独立地加以控制。

综合以上的分析,得到直升机轨迹控制系统总的控制律为

$$\bar{u} = \left[C(A - BK_{lqr})B \right]^{-1} \cdot \left[K_p(y^* - y) + K_i \int (y^* - y) \mathrm{d}t \right.$$

$$\left. + K_d(\dot{y}^* - \dot{y}) + \ddot{y}^* - C(A - BK_{lqr})^2 x \right] - K_{lqr} x \tag{9.52}$$

9.4.3　仿真与分析

经设计,内回路状态调节器的权值矩阵 Q 和 R 分别为

$$Q = \mathrm{diag}(1,1,1,1,1,1,1,1,1,1,1,1);$$
$$R = 0.1 \times \mathrm{daig}(1,1,1,1)。$$

外回路 PID 参数分别为

$$K_p = \mathrm{diag}(1,1,3,50); K_i = \mathrm{daig}(0.1,0.1,0.1,0.1); K_d = \mathrm{diag}(2,2,3,5)。$$

将以上设计的参数代入图 9.12 所示的飞控系统中,同样采用"8"字形螺旋上升的基准轨迹,以验证系统的性能。图 9.13 为 XY 平面内的轨迹跟踪性能,图 9.14、图 9.15 分别为高度与航向角的跟踪性能。

由图 9.13～图 9.15 可见,采用 LQR 与 FLC 相结合方法的飞行轨迹控制系统使四个通道都具有优良的跟踪与解耦效果。由于在设计飞行轨迹控制系统外回路时,充分考虑了直升机的轴间耦合,采用 FLC 方法有效地实现了解耦控制,提高了性能动态品质。

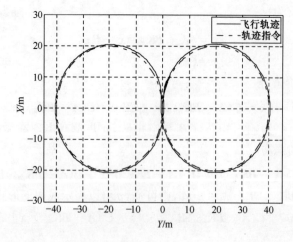

图 9.13　基于反馈线性化结构的控制系统对水平面的轨迹跟踪性能

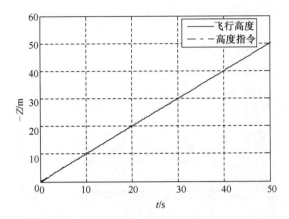

图 9.14　基于反馈线性化结构的高度跟踪控制性能

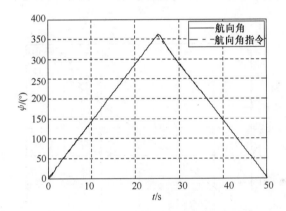

图 9.15　基于反馈线性化结构的控制系统航向角跟踪控制性能

9.5　三种不同飞行轨迹控制系统的鲁棒性能分析

为了验证系统的鲁棒性,在此仅评估控制对象的建模误差对系统性能的影响。

验证对象建模误差对系统的影响时,假设控制阵不变,无人直升机的参数摄动 $\pm 20\%$。分两种情况下对参数进行摄动:

(1) 直升机动力学特性中状态阵取 $\boldsymbol{A}_1 = 0.8\boldsymbol{A}$,控制阵取 $\boldsymbol{B}_1 = 0.8\boldsymbol{B}$。

(2) 直升机动力学特性中状态阵取 $\boldsymbol{A}_2 = 1.2\boldsymbol{A}$,控制阵取 $\boldsymbol{B}_2 = 1.2\boldsymbol{B}$。

当模型参数摄动 $\pm 20\%$ 时,基于显模型的飞行轨迹控制系统的鲁棒性验证特性如图 9.16～图 9.18 所示。

当模型参数摄动 $\pm 20\%$ 时,具有指令预估器的飞行轨迹控制系统的鲁棒性验证特性如图 9.19～图 9.21 所示。

当模型参数摄动 $\pm 20\%$ 时,基于反馈线性化的飞行轨迹控制系统的鲁棒性验证特性如图 9.22～图 9.24 所示。

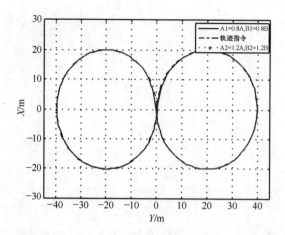

图 9.16　模型参数摄动下基于显模型的控制系统水平面轨迹跟踪性能

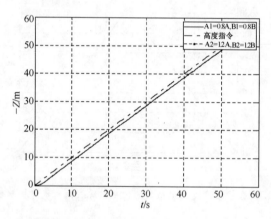

图 9.17　模型参数摄动下基于显模型的控制系统高度跟踪性能

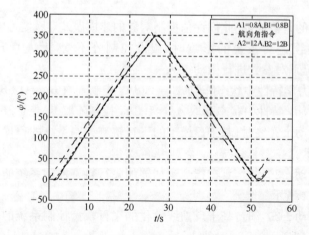

图 9.18　模型参数摄动下基于显模型的控制系统的航向角跟踪性能

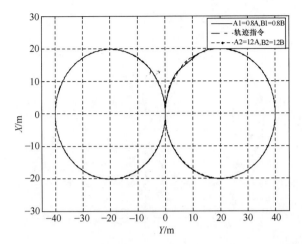

图 9.19 模型参数摄动时具有指令预估器的控制系统对水平面轨迹的跟踪性能

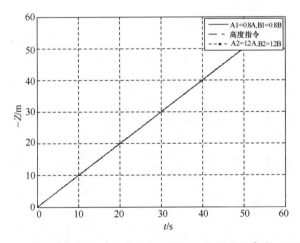

图 9.20 模型参数摄动时具有指令预估器的控制系统高度跟踪性能

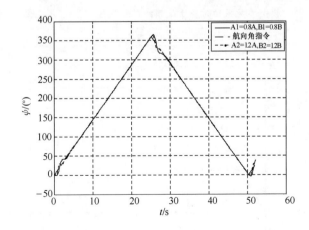

图 9.21 模型参数摄动时具有指令预估器的控制系统航向角跟踪性能

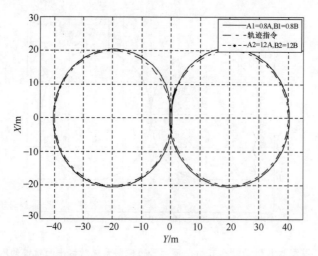

图 9.22　模型参数摄动时基于反馈线性化的控制系统对水平面轨迹跟踪性能

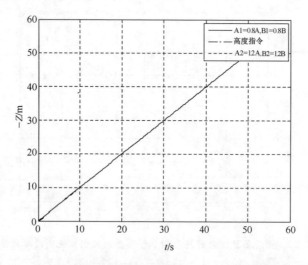

图 9.23　模型参数摄动时基于反馈线性化的控制系统高度跟踪性能

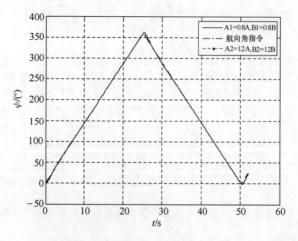

图 9.24　模型参数摄动时基于反馈线性化的控制系统航向角跟踪性能

　　由图 9.16～图 9.24 可知，当控制对象气动参数摄动±20％时，三种飞行控制系统仍具有优良的航迹跟踪及解耦性能。

9.6　经典控制方法与最优控制方法的性能比较

　　本书第八章运用经典控制方法，本章采用三种现代控制方法，完成了上述飞行轨迹控制系统的设计，并进行相应的数字仿真验证。可以得到以下结论。

　　现代控制设计方法具有两个重要的特点。其一是直接基于状态变量模型进行设计，状态变量模型中包含的系统信息要比单输入—单输出以传递函数为模型的信息更多；其二用现代控制方法可直接获得多通道的控制增益矩阵。并充分考虑了各通道的耦合，有效地实现了多通道的解耦。

　　运用经典控制方法设计无人直升机控制系统，不甚适合多变量、多回路的控制系统。对单通道的独立设计，不能保证整个系统的综合性能。另外，由于经典设计是基于传递函数模型的设计，在设计过程中为了降阶常采用简化模型，使得模型丢失了部分信息。但经典控制方法具有简单明显的物理含义，易被工程技术人员接受使用。

　　作者认为，基于显模型的飞行轨迹控制系统具有更好的工程应用价值，运用这种控制方法能够从本质上减小直升机的轴间耦合，明显地改善了直升机多通道的解耦性能，通过改变显模型参数即可以灵活地改变操纵特性，以满足对四个通道操纵品质的要求。

　　具有指令预估器的飞行轨迹控制系统，数字仿真表明，其跟踪性能和解耦性能最优。然而由于全状态反馈在工程上不太可能实现，并非所有的系统状态量都可测，虽然可以通过引入观测器来获取不可测的状态，但与原系统的特性有所差别。如果要应用这种方法，必须依靠某些传感器获取参与控制律计算的 12 个状态量，这增加了系统实现的难度。

　　基于反馈线性化的直升机飞行轨迹控制系统结构最为简单，也具有优良的动态跟踪性能、解耦性能和鲁棒性，但也存在与含预估的飞行控制系统设计同样的问题，存在全状态反馈工程实现的困难。解决途径是引入观测器或以传感器获取 12 个状态量。

第十章　无人直升机飞行控制系统实现技术

10.1　引　　言

无人机制导系统中,飞行控制系统是核心部分,也可以称作"神经中枢",它以飞控计算机为控制核心,辅助相应传感器单元、执行机构、测控终端等,以实现对无人机的自主导航、飞行控制、任务管理等功能。图 10.1 为本章开发的小型无人机的导航制导与控制框图。

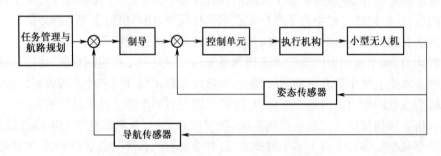

图 10.1　无人机制导系统结构框图

由图 10.1 可以看出整个无人机制导系统分为内回路和外回路两个部分。内回路为飞控回路,也可以称为姿态环。外回路是制导回路,在惯性地面坐标系中实现对期望轨迹的精确跟踪,从而实现所谓无人机的自主寻迹。飞控板接收导航传感器和姿态传感器采集的信息,与外环和内环提供的"指令信号"相比较,分别作为制导算法和控制律算法的输入,完成制导和控制律的解算,制导算法的解算结果作为控制单元的指令,执行机构则按照控制单元解算得出的指令驱动电机和伺服舵机工作,实现对无人直升机的控制。本章以某型无人直升机的飞行控制系统为例进行软硬件开发与设计。

10.2　基于 DSP 和单片机的双 CPU 无人直升机飞控系统总体方案

10.2.1　控制器性能需求

无人直升机飞控系统的硬件部分主要分为处理器模块、传感器测量模块、数据通信模块、执行机构接口模块和电源模块。

作为飞控系统的"核心",处理器模块的性能对飞控系统来说是至关重要的,它需要在进行大量导航、控制算法计算的同时,处理各种传感器、通信设备等外围接口通信。系统的需求如下:

（1）实时性和运算速度。使用数字控制器来控制一个连续系统时,首先要做的就是离散化该系统,由香农采样定理,采样频率应不低于系统中最高模拟信号频率的两倍。在一般的直升机系统中最高模拟信号频率为 25Hz 左右,因而在进行离散化分析时,系统的采样频率应以不低于 50Hz 为佳,换算成采样周期则需要低于 20ms。这 20ms 可以理解为:在 20ms 的时间内,处理器必须完成通信、机载传感器数据采集、直升机姿态解算、数字控制律运算以及最后执行到舵机等任务。

姿态解算和控制律运算的计算量是可观的,占用很多的 CPU 时间资源,所以这就对 CPU 的主频、数字运算能力、存储器数据吞吐能力提出了很高的要求。

（2）丰富的外部设备接口。处理器模块需要和众多的外部设备“打交道”,必须能够提供模拟量采集（A/D）通道、PWM 波捕获通道、输出通道,实现对执行机构的控制;必须能够提供一定数量的任务设备控制通道,包括异步串行通信接口（UART）、串行外设接口（SPI）和通用开关量 I/O 端口等,以实现对机载任务设备的管理。

（3）存储性能。必须具有较大的 RAM 存储空间用于功能软件的在线开发和调试,具有较大的程序存储空间用于软件的开发与固化,且具备存储器扩展能力,以适应不断变化的设计要求和系统升级。

（4）功耗和体积。处理器模块是整个飞行控制系统硬件模块中消耗功率最大的一部分,因此为了降低整个系统的功耗,应该选用低功耗的处理器。考虑到无人直升机在体积、载荷及安装固定等方面的限制,处理器要尺寸小,重量轻。

（5）通用性和可扩展性。所开发的硬件平台应具备一定的通用性、适应性,即对于功能相近的系统,应该以修改控制软件为主,少改动或不改动硬件设计;所开发的硬件平台还应具备扩展能力,引出足够的通用任务接口方便后续功能的开发与升级。

10.2.2　DSP＋双口 RAM＋单片机的控制器架构设计及选型

由控制器的性能需求分析可知:控制器需要在大约 20ms 以内的时间中完成一拍的控制流程,因而需要同时具备强大的数字运算能力和处理丰富外设接口的能力。

选取 51 系列单片机中性能非常先进的一款单片机,与 DSP 构成“双核并行”的处理器,这款单片机的主频可达到 22MHz,虽然运算能力较 DSP 逊色,但是它有着非常丰富的片上外设,能够担任外部设备的控制和通信任务。

DSP 主要负责数据处理、导航、控制算法等任务,单片机主要负责各类传感器信号的采集、电池电量的检测、外围设备的通信、预留任务载荷接口等任务。

两个 CPU 分工合作,并行运算处理,双 CPU 之间的数据通信也是必不可少的。DSP 在进行每拍的控制流程时,都需要得到无人直升机的三轴角速度、三轴加速度、姿态角、速度等状态量,如果是自动飞行,则需要获取地面站的无线电飞行指令、在线调节的控制律参数等;在每拍控制流程结束时,单片机也需要将部分 DSP 的处理数据反馈到地面站,供地面监控和记录。所以 DSP 和单片机两块微处理器之间高速可靠的数据传输是十分重要的。

多 CPU 间常采用串行方式进行通信,这种方法的缺点是传输速率低,数据提取困难,如果用查询的驱动方式,会占用大量的 CPU 时间资源,对系统的实时性造成不利的影响。故本书中选用双口 RAM 作为 DSP 和单片机进行数据通信的媒介,作为一种不同于单端口 RAM 的高速并行传输芯片,双口 RAM 配备两套独立的地址线、数据线和控制线,允许两个独立的 CPU 同时异步地访问存储单元,存取速度能满足不同 CPU 的要求而无需插入等待状态。

选用双口 RAM 对有两大优点:①数据通信速度快,比三线串口的通信速度要快上不止一个数量级,其量化的通信速度在 3.1.2 节中给出;②给 DSP 与单片机提供了一部分"外扩存储空间",一些使用频率不高的变量,就可以存放于双口 RAM 中,而不必存放在单片机的片上 RAM 中 ,同时,在单片机处理外围接口串行数据时,可以将缓冲区中的数据直接存放在双口 RAM 的指定存储空间中,而没必要在单片机片上的 RAM 中开辟一块"环形缓冲区",节约了单片机宝贵的片上 RAM 资源。

满足上述的分析,综合考虑了市面上的多种型号芯片,以下是选取的 DSP、单片机和双口 RAM 的器件型号。

1. DSP 选型

选择了美国德州仪器(TI)公司 C2000 系列中的 TMS320F2812,作为飞控系统中嵌入式 DSP 处理器,本款 DSP 具有如下一些合适的性能和特点:

- 处理速度快,主频 150MHz(时钟周期 6.67ns);
- 32 位高性能处理器,哈佛总线结构,支持多级流水线结构;
- 集成 18K×16b 高速 RAM;256K×16b Flash 和 ROM;
- 高达 1M×16b 的外部存储空间接口,可编程读写时序;
- 事件管理器 EVA 和 EVB,用于控制电机,可以捕获、产生多路 PWM 波;
- 3.3V 外设接口工作电压和 1.9V 内核工作电压,功耗较低;
- 全速,非侵入式 JTAG 在线调试接口;
- 工作温度范围:−55℃∼125℃。

2. 单片机选型

选择了 Silicon Labs 公司生产的 51 内核兼容的 C8051F020,作为飞控系统中嵌入式单片机处理器,Silicon Labs 公司专门开发各种混合信号器件,其在混合信号产品领域居于世界领先地位。C8051F020 在 51 内核系列单片机中性能也是首屈一指的,其具有如下一些合适的性能和特点:

- C8051F020 是完全集成的混合信号系统级 MCU 芯片,片内有着丰富的模拟、数字资源。数字资源可以由交叉开关灵活分配到各个 I/O 口;
- 4KB+256B 片上 RAM,64KB 容量 FLASH;
- 可寻址 64KB 地址空间的外部数据存储器接口,可编程读写时序;
- 有两个片上异步串行通信 UART 数字外设;
- 有一个片上增强型串行外设接口 SPI;
- 8 路 12 位 A/D 转换器,最高 100Ksps 采样频率,集成可编程高电压差分放大器;
- 具有 5 个捕捉/比较模块的可编程计数器/定时器阵列,可以产生 16 位的 PWM 捕获或输出;
- 优先级可编程调整的中断机制;
- 主频 22MHz,可以达到每个机器周期一条指令的要求;
- 全速,非侵入式 JTAG 在线调试接口;

- 3.3V 工作电压,功耗较低;
- 工作温度范围:-40℃~85℃。

3. 双口 RAM 选型

选择了 IDT 公司生产的 IDT70V24,作为飞控系统中双 CPU 之间通信的媒介,本款双口 SRAM 具有如下一些合适的性能和特点:

- 3.3V 工作电压(TTL 兼容),功耗较低,全负荷工作时约 380mW;
- 4K×16 位的存储容量,16 位数据中高字节和低字节可以独立控制;
- 具有两套独立的数据总线,地址总线,控制总线,允许两个独立的 CPU 同时异步地访问存储单元;
- 内部集成三种仲裁逻辑可以仲裁 CPU 使用权,以避免争用情况发生;
- 快速的地址建立时间,数据保持时间,都小于 60ns;
- 快速的数据存储、读取时间,最大 55ns;
- 工作温度范围:-40℃~85℃。

10.2.3　飞控系统总体方案设计

根据以上对研究对象需求和系统硬件需求的分析,给出了基于"DSP＋双口 RAM＋单片机"双核控制器的无人直升机自动飞行控制系统的简要硬件配置结构框图,如图10.2 所示。

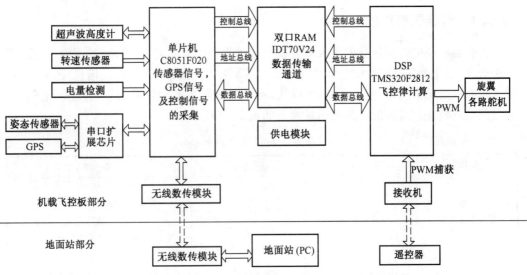

图 10.2　无人直升机自动飞行控制系统硬件配置总体框图

由图 10.2 可知,整个系统分为机载飞控板部分和地面站部分,地面站和飞控板的通信有两种方式,即 2.4GHz 遥控器无线通信和 900MHz 无线数传模块通信。

无人直升机操纵与控制分为以下三种方式:

1. 遥控飞行

由遥控器发送飞行指令,接收机接收到了遥控信号后,遥控信号以 PWM 波的形式被机载 DSP 处理器捕获,DSP 则根据捕获到得 PWM 指令,经运算,由 EV 模块产生相应的

5路PWM波,分别控制主旋翼电机的转速和4路舵机的偏转量,使得无人直升机正常飞行,同时单片机处理器采集直升机的姿态,位置信息,电池电量信息,及遥控指令信息(由DSP通过双口RAM实时传送给单片机),将以上采集的信息通过无线数传模块实时发送给地面站,供地面站监测与记录。

2. 人在回路的遥控,对控制律参数进一步调整

加入增稳控制模块后,进行遥控飞行,在飞行的过程中,根据直升机的飞行状态,地面站在线修改姿态控制参数,并实时发送给飞控板的单片机处理器,DSP处理器通过双口RAM获得了新的控制参数后,进行控制律重新计算,飞行效果得以改变,如此反复,直至试验到满意的飞行效果。

3. 自动飞行

由地面的无线数传模块上传自动飞行指令,飞控板得到指令后自动完成指定的飞行动作。由此可见,机载部分飞控板的设计在三个试验阶段都起着至关重要的作用,作为无人直升机飞行试验的硬件平台,只要飞控板的一个模块不能正常工作,任何一个试验,即使是开环试飞,也是无法进行的。

图10.2中的机载飞控板,包含控制器模块、传感器模块、外部通信模块、执行机构接口和电源供电模块。处理器模块采用双CPU并行运算处理,DSP负责飞行控制运算、5路PWM波的捕获和产生,单片机负责姿态信息采集、GPS数据采集、电池电量监测、超声波高度计信号采集、无线数字通信、预留任务接口等接口处理任务,两个CPU使用双口RAM快速通信。

10.2.4 传感器模块的选择

传感器模块的作用是获取无人直升机飞行过程中的角速度、姿态角、加速度、速度、位置等信息,它主要包括惯性测量元件,测量飞行器各个角速度和角加速度信息;磁罗盘,测量飞行器姿态角信息;高度计和GPS模块,测量飞行器高度和位置信息;转速测量模块,测量旋翼的转速。具体的传感器信息列表如表10.1所示。

表10.1 传感器信息列表

传感器	型号/模块	通信接口	备 注
航姿参考系统	VM-i	UART口 RS-232协议	高集成9DOF MEMS模块 测量三轴角速度、 姿态角、航向等信息
GPS模块	GS407 Sarantel SL1206天线	UART口 TTL协议	u-Blox 5机载OEM板 测量速度、经纬度信息
超声波 高度计	SRF05	I/O口	测量相对地面高度
霍尔转速 模块	—	I/O口	测量旋翼转速

1. 航姿参考系统

航姿参考系统是无人直升机中不可缺少的传感器,它集成了 MEMS 陀螺仪、MEMS 加速度计、MEMS 磁罗盘和片上信号处理系统,所以可以测量并输出无人直升机的三轴角速度、三轴加速度、姿态角及航向信息,所测量的航姿信号经过滤波解算处理后,以串行数据帧的形式与外部处理器进行通信。

根据对机载飞控系统的需求,对航姿参考系统的选择提出以下要求:

- 航向精度小于 $1°$;
- 角度分辨率小于 $0.1°$;
- 重量不超过 150g;
- 低功耗,整个机载系统功耗应该控制在 20W 之内;
- 数据更新率大于 50Hz;
- 使用 UART 接口输出数据。

选择 VMSENS 公司生产的 VM-i 模块,它是基于 MEMS 技术的低成本惯性器件,提供三轴角速度、姿态角、重力加速度计、三轴磁罗盘的高集成 9DOF 平台。通过内嵌的低功耗处理器输出校准过的角速度、重力加速度在三个机体轴的分量、磁罗盘数据等,通过 iMTFusion 算法进行数据融合,VM-i 能实时输出以四元素、欧拉角等表示的零漂移三维运动姿态数据。VM-i 的航向精度达到 $0.5°$ 以内,分辨率小于 $0.05°$,集成陀螺仪和加速度计的线性度皆小于 0.2%,陀螺仪量程 $±20000°/s$,加速度计量程 $±5m/s^2$,角度测量动态范围为 $360°$。VM-i 机械结构内部使用的全部是表面贴装元件,元件不会发生任何移动,所以非常可靠和坚固,其金属外壳为非铁磁性,且便于安装固定于无人直升机上。VM-i 的功耗较低,最大功耗 400mW;质量较轻,为 32g;体积小巧,为 $53mm×52mm×13mm$。其输出串口数据的更新速率可调,最高能达到 120Hz。它通过 UART 接口以 RS-232 电平协议输出测量数据,与控制器通信。其实物如图 10.3 所示。

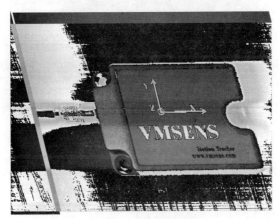

图 10.3　航姿系统模块

2. GPS

选择基于 u-blox 5H 芯片组的 GS407 OEM 接收机模块及配套的 Sarantel SL1206 GPS 天线。该模块尺寸很小且性能稳定,其尺寸大小为 $47mm×23mm×9mm$,质量为 16g,测速精度可达 0.1m/s,工作温度范围为 $-10℃～+50℃$。GS407 模块的功耗较低,正常工作约为 250mW;它通过 UART 接口以 TTL 电平协议输出导航数据,其数据更新速率可达到 4Hz。GS407 接收机需要性能非常稳定的电源供电,要求直流供电的电压纹波峰峰值小于 50mV。该接收机及天线实物如图 10.4 所示。

图 10.4　GPS 模块

3. 超声波测距模块

超声波测距模块用于短距离内测量无人直升机与地面的相对高度,尤其是起飞与着陆阶段,超声波高度计的高度测量分辨率是气压高度计无法代替的。

选择超声波高度计 SRF05 模块进行相对高度的测量。其测量距离为 2～450cm,测量精度为 0.3cm;功耗较低,最大 10mW;体积较小,为 40mm×20mm×15mm;SRF05 与控制器的 I/O 口相连,控制器通过 I/O 口电平的变化时间计算被测物体与参考物体的相对距离。其实物如图 10.5 所示。

图 10.5　超声波测距模块(SRF05)

4. 霍尔传感器模块

选用霍尔传感器测量直升机主旋翼电机的转速,该模块将霍尔传感器输出的原始脉冲信号经过处理后,输出开关量的 PWM 信号,可以与控制器的 I/O 管脚直接相连,控制器通过捕获 PWM 波周期,解算出主旋翼电机的转速。其尺寸为 32mm×11mm×20mm。

10.2.5　通信模块

通信部分的关键器件主要分为三块:双口 RAM、串口扩展芯片、无线数传模块。

1. 串口扩展模块

串口扩展芯片 GM8142,其外部通信接口框图如 10.6 所示。该串口扩展芯片具有如下一些适合本系统的性能和特点:

- 通过 SPI 总线扩展 4 个标准 UART 子串口；
- 具有独立的外部晶振接口，软件可调的 SPI 波特率，软件可调的 UART 波特率；
- 低功耗，正常工作功耗小于 10mW；
- 各子串口具备独立的 8 级发送 FIFO，独立的 16 级接受 FIFO；
- 各子串口的数据接收、发送可以触发芯片中断输出引脚的电平变化；
- 工作温度范围：−40℃～85℃。

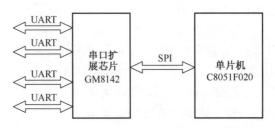

图 10.6　串口扩展芯片外部通信接口框图

2. 无线数传模块

选择了 Maxstream 公司生产的 XBee-PRO 900，其外形如图 10.7 所示。

该无线模块与外部 UART 接口可进行数据的异步串行传输，其电平采用 TTL 协议；它的串口波特率为 9600～230400b/s 可调，当采用 115200b/s 的波特率时，信号可以传输 3km；功耗约 1W；其尺寸为 24mm×33mm，工作温度为−40℃～85℃。因为遥控器射频的工作频率为 2.4GHz，所以无线数传模块的工作频率选择为 900MHz，以避免数据干扰。两块 XBee-PRO 模块通过软件相互配置"目标地址"，可实现点对点单独通信，即使有另外一块相同模块在工作时，也不会对这两块模块之间的通信产生干扰。

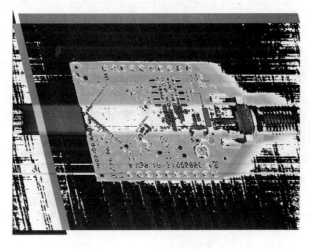

图 10.7　无线数传模块实物图

10.2.6　执行机构

无人直升机的执行机构分为主旋翼电机和四个舵机。主旋翼电机及其电调驱动由直升机的制造商提供。四个舵机中，有三个舵机用于控制无人直升机的自动倾斜器，以实现上下滑动、俯仰和滚转，从而改变直升机的纵横向周期变距和总距；另外一个舵机用于控制直升机的尾桨距。

飞控板通过输出 PWM 波信号来控制舵机偏转，从而控制无人直升机稳定飞行。对于舵机的选型有以下要求：

- 体积小巧、质量应不能超过 100g，便于安装；
- 输出力矩应大于 3kg/cm，具有一定的抗干扰能力和稳定性；
- 转动速度应快于 0.1s/60°。

选用亚拓公司的 DS-650 数字舵机，如图 10.8 所示。DS-650 的体积小巧，尺寸为 40mm×20mm×36mm，质量为 56g，中段铝合金外壳，提供了良好的散热性能；输出扭力矩为 4.0g/cm（4.8V）～5.0kg/cm（6V），转动速度为 0.058s/60°（6V）～0.048s/60°（4.8V）；它由 PWM 波信号控制转动，PWM 波周期为 7ms。

图 10.8　DS-650 数字舵机实物图

10.3　飞控系统硬件设计

机载部分飞控板硬件分为五大模块：双 CPU 模块、传感器测量模块、数据通信模块、执行机构接口模块和电源模块。

双 CPU 与外设接口输入输出功能表如表 10.2 所示，根据双 CPU 接口表及外围器件之间接口而设计的系统硬件框架结构图如图 10.9 所示。

表 10.2　双 CPU 与外围设备接口输入输出功能表

输入/输出	功　能	使用 CPU 接口资源
输入	接收机 5 路 PWM 波捕获接口	DSP 的 EVA、EVB 模块
	霍尔传感器模块接口	单片机的 CEX0
	电池电量检测接口	单片机的 ADC0
输入/输出	双口 RAM 数据总线	DSP 的 XINTF 与单片机的 EMIF
	串口扩展模块接口	单片机的 SPI 口，单片机外部中断资源

（续）

输入/输出	功　　能	使用 CPU 接口资源
输入/输出	超声波高度计接口	单片机的 I/O 口
	无线数传模块接口	单片机的 UART0
	JTAG 调试接口	DSP，单片机的 JTAG 接口
输出	执行机构 5 路 PWM 波接口	DSP 的 EVA，EVB 模块
	双口 RAM 控制总线接口	DSP 的 XINTF 与单片机的 EMIF
	双口 RAM 地址总线接口	DSP 的 XINTF 与单片机的 EMIF

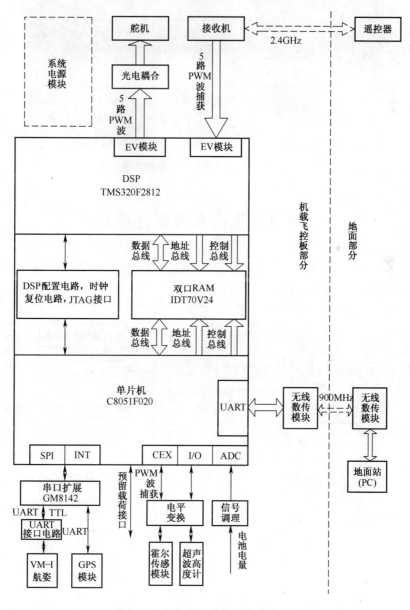

图 10.9　飞控系统硬件框架结构图

飞控板的硬件实物如图 10.10 所示。

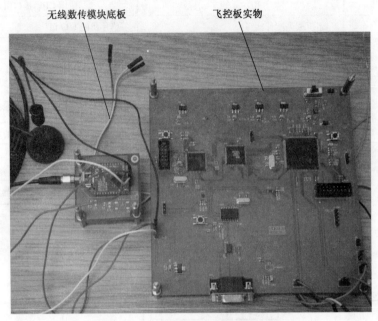

图 10.10　无人直升机飞控板硬件实物图

10.4　飞控系统软件设计

飞控软件包括控制器芯片底层软件、通信软件、数据测量软件、控制软件以及地面监控软件。总的软件流程图如图 10.11 所示。

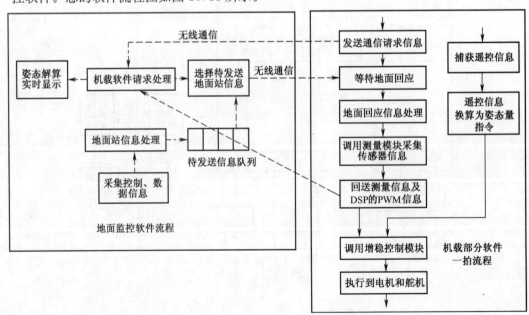

图 10.11　飞行中地面监控和机载软件整体流程

图 10.11 中,机载软件使用定时器每个时间周期完成一次控制流程,而地面监控软件则随时准备着等待机载软件发回的请求,两者使用无线电通信。图中有一个"待发送信息队列",在该队列中存放从鼠标键盘中采集到的每一个遥控信息,该队列由于长度不确定,所以本系统中采用了链队列。图中的"选择数据"则是根据队列中任务数来确定,队列中有数据则发送队列中的数据,队列中无数据则向机载软件发送一帧简单回应信息,机载软件收到这帧简单的回应信息后,则继续上次的遥控信息控制,并向地面发送此刻的传感器信息。机载软件一拍的流程为:请求与地面站通信,等待并采集地面站的回应信息;采集传感器等模块的测量信息,将测量信息、DSP 捕获和生成的 PWM 波信息回送到地面监控软件;将遥控信息换算为对应的姿态指令值,姿态指令值与传感器的测量值一起作为增稳控制软件模块的输入;进行增稳控制计算,其解算结果作为控制执行结构运动的输入量。

下面将开发一拍控制软件流程中,DSP 和单片机各自的工作流程。

在无人直升机机械配平、系统硬件上电复位后,首先对 DSP 和单片机片上资源进行初始化(包括晶振、数字端口分配、定时器、EV 模块、UART、SPI、ADC 等)。在完成对双 CPU 资源初始化之后,再通过串口对相关外围设备进行初始化。然后对控制模块软件中的待控量和控制参数初始化,对执行机构的控制信号初始化。初始化完毕后,开启双 CPU 全局中断,打开定时器,并在各自的定时器中断服务程序中完成各自的控制流程。双 CPU 初始化的软件流程图如图 10.12 所示。

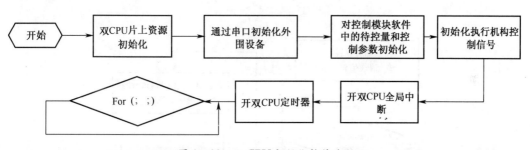

图 10.12　双 CPU 初始化软件流程

DSP 的一拍控制流程图如图 10.13 所示,单片机的一拍控制流程如图 10.14 所示。在一拍控制的流程中,DSP F2812 主要任务是:控制律的解算及其他数字运算、遥控信号 PWM 波捕获、执行机构控制信号 PWM 波生成等。单片机 F020 主要任务是:与地面站的无线数据通信、传感器等测量模块测量信息的采集等外部设备的接口处理任务。DSP 和单片机使用双口 RAM IDT70V24 进行相互的数据通信,双 CPU 是并行工作的,当一方 CPU 需要另一方 CPU 提供的相应数据时,只要到双口 RAM 的指定空间中读取即可。

A/D 数据数据采集流程如图 10.15 所示,图 10.16 为 PWM 波捕获软件主程序流程图。图 10.17 为 UART 接口数据中断服务程序流程图。

地面监控软件是本软件系统另外一大部分,它在系统中扮演的角色可用服务器来形容。机载软件就像一个客户端不断地向服务器发出请求,服务器在收到请求之后,会将最新的遥控信息发送给机载软件。同时,机载软件也会向地面反馈姿态位置等信息,地面监控软件收到信息后便将其加以数字或图像显示,使操纵者及时了解到直升机的姿态,方便控制。从上面一段描述中可知地面监控软件需要实现以下功能:

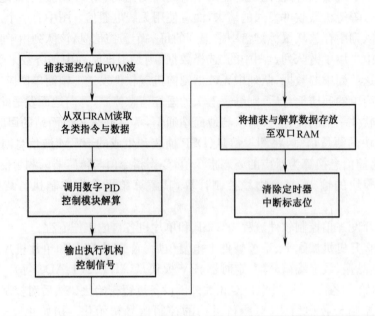

图 10.13   控制飞行中 DSP 一个控制周期软件流程

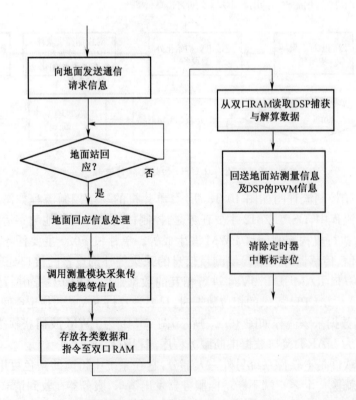

图 10.14   控制飞行中单片机一个控制周期软件流程

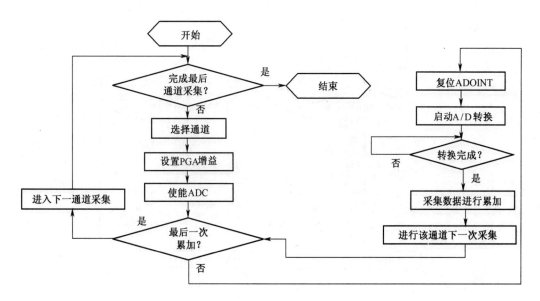

图 10.15　A/D 转换采集流程

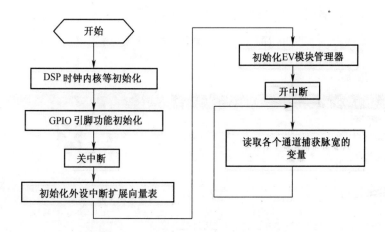

图 10.16　PWM 波捕获软件主程序流程

（1）界面实时显示；

（2）与机载飞控板通过无线数传模块实时通信；

（3）将部分接收到的通信数据保存到硬盘 txt 文件中。

在 VC++编译环境下使用 MFC 完成地面监控软件的界面显示开发，监控界面如图10.18 所示。"端口"下拉菜单用于对计算机端口号的选择，"波特率"下拉菜单用于设置串口通信的波特率，"连接"和"断开"按钮用于使能和关闭地面站功能。"区域 1"为地面站发送和接受数据的实时显示；"区域 2"对应着地面站向飞控板发送的命令指令，可以发送手动和自动飞行的切换命令；"区域 3"实现向飞控板发送某通道在线修改的 PID 参数；"区域 4"实现将地面站接收的传感器参数实时显示；"区域 5"实现将接收到的需要的参数保存到硬盘 txt 文档中的功能。

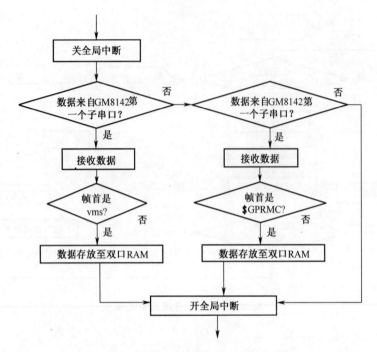

图 10.17　UART 接口数据中断服务程序流程

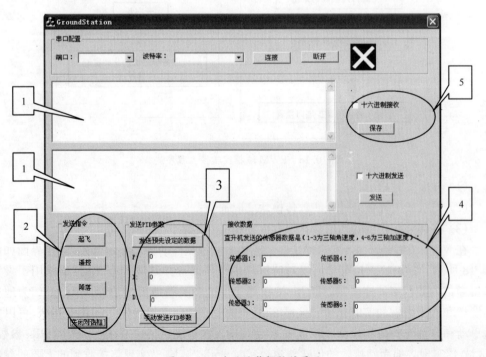

图 10.18　地面站监控软件界面

10.5　飞控系统软硬件测试过程与结果

在完成了无人直升机机载飞控系统的硬件设计和软件设计后,需要在飞控板硬件平台上完成大量的测试试验,以检测所设计的飞控软、硬件系统的正确性与可行性。飞控系统测试试验的硬件实物如图 10.19 所示。

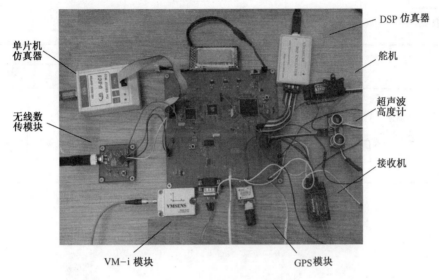

图 10.19　飞控系统测试硬件

在完成各个功能模块的测试的基础上,则需要根据实际飞行任务对各个功能模块进行集成,并于地面进行多次的模拟仿真测试,通过测试方可进行无人直升机的试飞。无人直升机的飞行模式大致分为:遥控开环飞行,人在回路增稳飞行及自动飞行。人在回路增稳飞行的软硬件模块调用情况最为复杂,故在系统的地面集成测试中,选取的飞行模式为增稳飞行,目的是测试所有的模块是否都能够同时配合工作,完成指定的任务。

无人直升机飞行控制系统主要由机载飞控板系统和地面站组成。机载飞控系统由双核 CPU、传感器、通信模块和执行机构组成;地面站是由 Futaba 遥控器、PC 机和无线数传模块组成,飞行控制系统集成测试的硬件框图如图 10.20 所示。

机载飞控系统中,将整合的软件装载到飞控板硬件平台,并在线调试。在每个控制周期中,单片机接收地面站无线模块上传的指令和数据、采集各类传感器的信息;将各类信息存放在双口 RAM 指定空间,供 DSP 需要时读取;并将各类遥测信息通过无线数传模块下传至地面站。DSP 捕获遥控器的 PWM 波指令,读取双口 RAM 中存放的传感器数据及其他指令和控制参数,进行数字解算并生成执行机构的控制信号;同时将各类信息存放在双口 RAM 中,供单片机读取。地面站的主要功能为向飞控板传递遥控指令和在线控制参数,并实时监控飞控板传递的遥测信息,根据这些遥测信息观察飞控板的各个模块是否正常工作。系统集成仿真测试的实物如图 10.21 所示。

飞控系统集成测试的测试结果界面显示如图 10.22 所示。飞控板中的单片机控制器每隔 60ms 向地面站下传一次遥测信息,地面站接收到一帧数据并解帧后,将有效的遥测

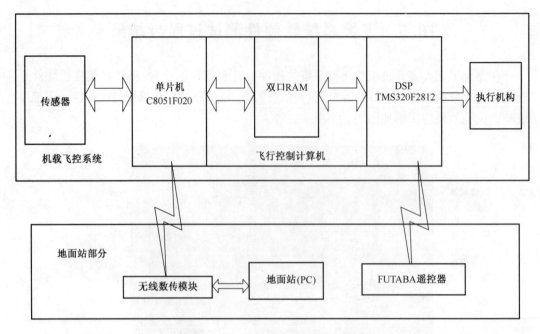

图 10.20　飞控系统集成测试结构

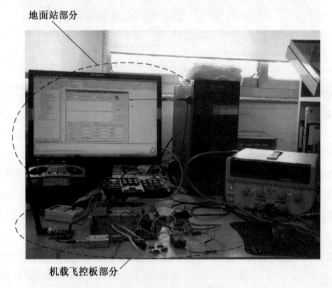

图 10.21　飞控系统仿真平台

信息显示在图 10.22 中的数据接收区。箭头 1 指向的阴影部分为地面站接收的一帧数据,解算为实际物理量后,PWM 波捕获的脉宽范围是 1.46~1.60ms;执行机构的脉宽范围是 1.35~1.74ms;两路电池电量采集值为 3.32V 和 5.12V;各个传感器的测量值已于图中显示,均在正常范围内;俯仰通道姿态环的比例控制参数为 0.04 和 0(对应不同的舵机),积分控制参数为 0.005 和 0,微分控制参数为 0,这些参数和地面站上传的参数一致,故而传输无误。在测试过程中,使用稳压电源作为 7.4V 供电,可以测得飞控板消耗的总电流为 400mA 左右,其消耗功率占飞控板供电最大提供功率的 17% 左右。

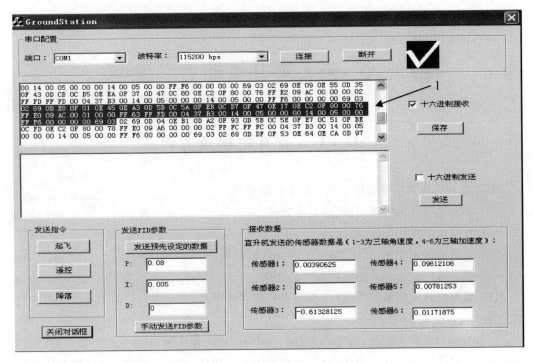

图 10.22　飞控系统集成测试结果

　　集成仿真测试结果说明：各个功能模块能相互配合，完成了指定的飞控任务。本飞控系统的软硬件设计能够满足无人直升机飞行控制的要求。

　　本章所开发的小型无人直升机的飞控系统软硬件及其试验途径可供无人舰载直升机飞控系统软硬件配置作借鉴。

附录 A 无人直升机动力学模型

A.1 无人直升机运动方程

无人直升机数学模型的建立基于如下假设条件：

(1) 无人直升机是刚体，且质量是常数；

(2) 假设地面坐标系为惯性坐标系；

(3) 忽略地球的曲率，即所谓的"平板地球假设"；

(4) 假设重力加速度不随飞行高度而变化；

(5) 假设机体坐标系的 XOZ 平面为直升机对称平面，而且直升机内部质量分布亦对称，惯性积 $I_{xy} = I_{yz} = 0$。

将直升机视为理想刚体，其空中运动的六个自由度，相应的有六个动力学方程，利用坐标系可以建立六个描述直升机角位置、线位置的运动学方程，得到如下非线性的十二阶微分方程组。

机体轴系中质心的动力学方程组：

$$\begin{cases} \dot{u} = -qw + rv - g\sin\theta + F_x/m \\ \dot{v} = -ru + pw + g\cos\theta\sin\phi + F_y/m \\ \dot{w} = -pv + qu + g\cos\theta\cos\phi + F_z/m \end{cases} \quad (A.1)$$

式中：g 是重力加速度；F_x，F_y，F_z 为总空气动力和发动机推力在机体坐标系内的分解。

机体绕质心转动的动力学方程组：

$$\begin{cases} \dot{p} = (c_1 r + c_2 p)q + c_3\bar{L} + c_4 N \\ \dot{q} = c_5 pr - c_6(p^2 - r^2) + c_7 M \\ \dot{r} = (c_8 p - c_2 r)q + c_4 L + c_9 N \end{cases} \quad (A.2)$$

式中：系数 c_i（$i = 1, 2, 3, \cdots, 9$）的定义如下

$$c_1 = \frac{(I_y - I_z)I_z - I_{xz}^2}{\Sigma}, \quad c_2 = \frac{(I_x - I_y + I_z)I_{xz}}{\Sigma}, \quad c_3 = \frac{I_z}{\Sigma}, \quad c_4 = \frac{I_{xz}}{\Sigma}, \quad c_5 = \frac{I_z - I_x}{\Sigma}, \quad c_6 = \frac{I_{xz}}{I_y},$$

$$c_7 = \frac{1}{I_y}, \quad c_8 = \frac{I_x(I_x - I_y) + I_{xz}^2}{\Sigma}, \quad c_9 = \frac{I_x}{\Sigma}, \quad \Sigma = I_x I_z - I_{xz}^2$$

$\bar{L}, M, N$ 为外合力矩在机体坐标内的分解；I_x, I_y, I_z 为机体轴方向的转动惯量，I_{xz} 是惯量积。

姿态角速度与机体角速度之间的运动学关系见式(2.5)。

这样可把非线性模型表示成一阶微分形式

$$\dot{x} = f(x, \bar{u}) \tag{A.3}$$

式中：$f(\cdot)$ 为非线性函数；x 表示无人直升机的状态矢量；$\bar{u}$ 表示操纵输入。

A.2　无人直升机小扰动线性化数学模型

为了分析直升机的操纵性和稳定性，常将其运动分为基准运动和扰动运动。基准运动是指直升机在驾驶员或自动驾驶仪的控制下，在平衡点条件下的运动；扰动运动是指在外界干扰作用下，直升机偏离平衡点条件下的运动。显然，在扰动运动中，直升机运动参数变化量的大小与外加扰动的大小有直接关系。如果扰动较小，则直升机运动参数的变化量也较小。与基准运动差别较小的运动可视为小扰动运动。

在小扰动情况下，直升机的运动参数可用基准条件下的值加上一小扰动增量来表示。将它们带入非线性方程，再从展开式中消去基准运动方程式，并略去高阶的增量，所得的增量方程就是直升机受扰动的线性化方程，从而使非线性方程组线性化。

前面已经获得直升机的非线性数学模型，$\dot{x} = f(x, \bar{u})$ 中已求得某飞行状态的配平点（$x_e, \bar{u}_e$），直升机的状态量和操纵量可以表示成基准运动和扰动运动之和：

$$\begin{aligned} x &= x_e + \Delta x \\ \bar{u} &= \bar{u}_e + \Delta \bar{u} \end{aligned} \tag{A.4}$$

将非线性方程在配平点展开成泰勒级数，取其线性部分，忽略二阶及二阶以上导数，得

$$\dot{x} = f(x, \bar{u}) = f(x_e, \bar{u}_e) + \frac{\partial f(x, \bar{u})}{\partial x}\Big|_{x=x_e, \bar{u}=\bar{u}_e} \Delta x + \frac{\partial f(x, \bar{u})}{\partial \bar{u}}\Big|_{x=x_e, \bar{u}=\bar{u}_e} \Delta \bar{u} \tag{A.5}$$

由于 $f(x_e, \bar{u}_e) = 0$，故可得到线性化表达式

$$\Delta \dot{x} = A(\Delta x) + B(\Delta \bar{u}) \tag{A.6}$$

式中

$$A = \frac{\partial f(x, \bar{u})}{\partial x}\Big|_{x=x_e, \bar{u}=\bar{u}_e}, B = \frac{\partial f(x, \bar{u})}{\partial \bar{u}}\Big|_{x=x_e, \bar{u}=\bar{u}_e} \tag{A.7}$$

式（2.33）中，Δx 和 $\Delta \bar{u}$ 都是增量形式，取

$$\Delta x = \begin{bmatrix} \Delta u & \Delta v & \Delta w & \Delta p & \Delta q & \Delta r & \Delta \phi & \Delta \theta & \Delta \psi & \Delta X_E & \Delta Y_E & \Delta Z_E \end{bmatrix}^T \tag{A.8}$$

$$\Delta \bar{u} = \begin{bmatrix} \Delta \delta_e & \Delta \delta_a & \Delta \delta_r & \Delta \delta_c \end{bmatrix}^T \tag{A.9}$$

其中，Δu、Δv、Δw 分别为飞行速度 V 在三个机体轴上分量的变化量；Δp、Δq、Δr 分别为绕机体轴的角速率变化量；$\Delta \phi$、$\Delta \theta$、$\Delta \psi$ 分别为无人直升机的三个欧拉角变化量；ΔX_E、ΔY_E、ΔZ_E 分别为地面坐标轴系下位移变化量；$\Delta \delta_e$、$\Delta \delta_a$、$\Delta \delta_r$、$\Delta \delta_c$ 分别为纵向周期变距、横向周期变距、尾桨距、总距的变化量。

应用小扰动法获得的线性化方程组，去研究直升机的性能，既可使研究的问题简化，又有足够的准确度，这是由于在大多情况下直升机上各主要气动参数的变化都是与扰动量成线性关系，即使出现较大的扰动，在较短的时间内，直升机的速度和姿态角速度的变

化也较小。

A.3　无人直升机动力学特性分析

本节给出了某型无人直升机的参数以及其在各种状态下的动力学特性分析，包括动力学对象的稳定性和操纵性。

无人直升机在前飞速度为 5m/s，海平面高度下匀速直线平飞状态下的状态方程。该状态下的配平量分别为：纵向周期配平量为 $1.5°$，横向周期变距配平量为 $-0.72°$，尾桨变距配平量为 $9.7°$，总距配平量为 $8.7°$，滚转角配平量为 $-2.38°$，俯仰角配平量为 $1.62°$。

在上述配平状态下无人直升机线性模型状态方程的 A 矩阵和 B 矩阵如下

$$
A = \begin{bmatrix}
-0.0368 & -0.0745 & -0.0049 & -0.5019 & 2.0480 & 0.0012 & -0.0001 & -9.817 & 0 \\
-0.0039 & -0.1457 & -0.0034 & -0.4910 & -0.1631 & -5.2532 & 9.8283 & 0.0114 & 0 \\
-0.1799 & 0.0163 & -0.3727 & 0.1273 & 5.3718 & 0.0037 & 0.4058 & -0.2255 & 0 \\
0.0561 & 0.2864 & 0.0472 & -3.8508 & -1.0212 & -0.3453 & -0.0480 & -0.0008 & 0 \\
0.0253 & -0.0118 & 0.0060 & 0.5254 & -2.2920 & -0.0014 & -0.0003 & 0.1165 & 0 \\
0.0256 & 0.6797 & 0.0299 & -0.2106 & 0.0074 & -1.2869 & -0.1799 & -0.0001 & 0 \\
0 & 0 & 0 & 0.9996 & -0.0012 & 0.0282 & -0.0001 & 0.0009 & 0 \\
0 & 0 & 0 & -0.0414 & 0.9991 & 0.0414 & -0.0014 & 0 & 0 \\
0 & 0 & 0 & -0.0282 & -0.0414 & 0.9987 & -0.0022 & 0.0005 & 0
\end{bmatrix}
$$

$$
B = \begin{bmatrix}
12.4142 & -2.5170 & -0.0011 & 0.9862 \\
0.0143 & 9.9015 & 5.9358 & -0.2937 \\
-0.2115 & 0.4359 & 0.0067 & -71.7789 \\
0.1962 & 60.0038 & -7.0150 & 5.8307 \\
-13.2818 & 2.6202 & 0.0021 & 1.7753 \\
0.2815 & 4.9544 & -26.3044 & 18.7880 \\
0 & 0 & 0 & 0 \\
0 & 0 & 0 & 0 \\
0 & 0 & 0 & 0
\end{bmatrix}
$$

表 A.1 中列出了无人直升机在高度 100m，三种不同速度下的特征值，其中 0m/s 为悬停，5m/s 为小速度前飞状态，而 15m/s 是较大速度前飞状态。从表 A.1 可以看出，在悬停及低速前飞状态下，系统至少都有一对正实部的共轭复根，这说明了无人直升机在悬停及低速前飞状态下是静不稳定的。随着飞行速度的增加，位于右半平面的特征值逐渐向虚轴靠近，直升机的稳定性逐渐增强。另外，特征值中既有负实根，又有负实部的共轭复根，直升机在飞行过程中将表现出多模态的特性，不仅有按指数规律衰减的分量，还有按振荡规律衰减的分量，这也体现了多自由度系统的运动特性。

表 A.1 $V=0\text{m/s},V=5\text{m/s},V=15\text{m/s}$ 时状态方程特征根

速度	$V=0\text{m/s}$	$V=5\text{m/s}$	$V=15\text{m/s}$
特征根	$s_{1,2}=0.5166\pm1.1499\text{i}$ $s_{3,4}=-0.0887\pm0.8537\text{i}$ $s_5=-4.4946$ $s_6=-3.0174$ $s_7=-2.0860$ $s_8=-0.5750$ $s_9=0$	$s_{1,2}=0.1620\pm0.8567\text{i}$ $s_{3,4}=-1.7497\pm0.2760\text{i}$ $s_{5,6}=-0.5746\pm1.1380\text{i}$ $s_7=-5.2090$ $s_8=0.1019$ $s_9=0$	$s_{1,2}=0.0208\pm0.3561\text{i}$ $s_{3,4}=-1.6933\pm0.8740\text{i}$ $s_{5,6}=-0.7629\pm2.7464\text{i}$ $s_7=-5.5534$ $s_8=0.0593$ $s_9=0$

以无人直升机速度在 $V=5\text{m/s}$ 时的特征值来说明直升机的典型模态特性：

(1) 在纵向小扰动运动中,小复根 $s_{1,2}=0.1620\pm0.8567\text{i}$ 所代表的纵向长周期模态,主要特征为飞行速度和俯仰角呈缓慢长周期变化,通常是不稳定的。

(2) 在纵向小扰动运动中,大复根 $s_{3,4}=-1.7497\pm0.2760\text{i}$ 所代表的纵向短周期模态,主要特征为迎角和俯仰角呈衰减快、短周期的振荡。

(3) 在侧向小扰动运动中,复根所代表 $s_{5,6}=-0.5746\pm1.1380\text{i}$ 所代表的侧向荷兰滚模态,主要特征是滚转角、侧滑角和偏航角呈频率高的周期运动。

(4) 在侧向小扰动运动中,大实根 $s_7=-5.2090$ 所代表的侧向滚转收敛模态,主要特征是滚转角和滚转较速率呈衰减快的非周期运动。

(5) 在侧向小扰动运动中,小实根 $s_8=0.1019$ 所代表的螺旋模态,主要特征是非周期的缓慢滚转和偏航运动。

(6) 零根 $s_9=0$ 所代表的航向随遇平衡模态。随遇平衡模态指在外干扰作用(包括控制作用)下,航向以积分形式偏离,当外干扰或控制消除后,将停止在干扰或控制消除时的位置。

综上所述,无人直升机的飞行动力学特性相当复杂,有多种不同的飞行模态,在不同飞行状态下,直升机的特性差异显著。这给飞行控制系统参数的设计增加了难度。

参 考 文 献

[1] 杨一栋,夏云程. 飞行力学坐标体系手册[M]. 南京:南京航空航天大学,1999,8.

[2] 杨一栋. 直升机飞行控制. 第2版 [M]. 北京:国防工业出版社,2011.

[3] Marit Storvik. Gudiance System for Automatic Approach to a Ship[D]. Norwegian University of Science and Technology,2003.

[4] G. Gevaert, E. Schulze. Shipboatd Launch and Recovery of RPV Helicopter in High Sea States. [J]. AIAA. 1978:175–182.

[5] Giulio Avanzini. Trajectory generation and Tracking for Ship Deck Landing of a VTOL Vehicle. [C]. Canada:AIAA Atmospheric Flight Mechanics Conference and Exhibit,2001.

[6] 郭署山. 无人直升机着舰控制技术研究[D]. 南京:南京航空航天大学,2010.

[7] 南卫生,杨一栋,熊鑫. 基于 MFCS 直升机协调转弯模态设计[J]. 海军航空工程学院学报,2004,19(2):217–220.

[8] Xilin Yang. Automatic Landing of a Rotary – Wing UAV in Rough Seas[D]. Australian:School of Engineering and Information Technology University College, 2011.

[9] Ronald A. Hess. A Simplified Technique for Modeling Piloted Rotorcraft Operations Near Ships[C]. California:AIAA Atmospheric Flight Mechanics Conference and Exhibit, 2005.

[10] Cheeseman, I. C. Bennett, W. E. The Effect of the Ground on a Helicopter Rotor in Forward Flight [R]. Aeronautical Research Council Reports and Memoranda No. 3021. 1957.

[11] 李金龙. 运用 DSP 晶片实现直升机舰船起降的动态模拟系统[D]. 台北:国立成功大学,2005.

[12] 张瑾,袁锁中. 基于参考观测器的无人直升机航迹跟踪控制[J]. 兵工自动化,2011,30(2):58–61.

[13] 张瑾,袁锁中. 无人直升机航迹跟踪控制系统设计[J]. 西南交通大学学报(增),2010,45:36–39.

[14] 杨一栋. 舰载飞机着舰引导与控制[M]. 北京:国防工业出版社,2007:54–64.

[15] Dooyong Lee,Simulation And Control Of A Helicopter Operating In A Ship Airwake,The Pennsylvania State University,2005:4–16.

[16] Hong Xin and Chengjian He,A Combined Technique for Inverse Simulation Applied to Rotorcraft Shipboard Operations,Advanced Rotorcraft Technology. Mountain Vies,CA94043:5–19.

[17] Thomson,D. G. and Coton,F. N. and Galbraith,Simulation Study of Helicopter Ship Landing Procedures Incoporating Measured Flow Data,Proceedings of the Institution of Mechanical Engineers,Part G:Journal of Aerospace Engineering 219(5):411–427.

[18] Srikanth Saripalli,Landing on a Moving Target using an Autonomous Helicopter,In Proceedings of the International Conference on Field and Service Robotics Jul 2003:1–6.

[19] Dooyong Lee, Nilay Sezer – Uzol,Joseph F. Horn. Simulation of Helicopter Shipboard Launch and Recovery with Time – Accurate Airwakes. [R] American :American Helicopter Society 59th Annual Forum,2003.

[20] 王一超. 模型直升机自动飞行控制系统的设计与实现[D]. 南京:南京航空航天大学,2013.

[21] 张瑾. 无人直升机飞行轨迹控制技术研究[D]. 南京:南京航空航天大学,2011.